高等职业教育自动化类专业规划教材

电力拖动技术训练

袁建春　余　萍　主编

电子工业出版社

Publishing House of Electronics Industry

北京·BEIJING

内 容 简 介

本书以高等职业院校人才培养目标为依据,在多年课程改革实践的基础上,精选十一个项目作为课程主体内容,主要包括电机维护维修、电力拖动安装与检测、机床故障排除。根据学生职业技能形成的规律,本书采用项目式编写体例。本书以技能训练为主,相关基础理论为辅,突出职业能力的培养。每个项目后面均附有拓展知识、思考与练习,以便于学生自学及知识的巩固与拓展。

本书可作为高等职业院校机电技术专业、自动化技术、数控技术专业的专业教材,也可作为相关行业岗位培训教材及有关人员自学用书。

未经许可,不得以任何方式复制或抄袭本书之部分或全部内容。
版权所有,侵权必究。

图书在版编目(CIP)数据

电力拖动技术训练/袁建春,余萍主编.--北京:电子工业出版社,2014.9
高等职业教育自动化类专业规划教材
ISBN 978-7-121-24109-3

Ⅰ.①电… Ⅱ.①袁… ②余… Ⅲ.①电力传动-高等职业教育-教材 Ⅳ.①TM921

中国版本图书馆 CIP 数据核字(2014)第 188920 号

策划编辑:朱怀永
责任编辑:朱怀永　　　　　　特约编辑:王 纲
印　　刷:三河市鑫金马印装有限公司
装　　订:三河市鑫金马印装有限公司
出版发行:电子工业出版社
　　　　　北京市海淀区万寿路 173 信箱　邮编　100036
开　　本:787×1092　1/16　印张:14.75　字数:371 千字
版　　次:2014 年 9 月第 1 版
印　　次:2017 年 1 月第 3 次印刷
定　　价:32.00 元

凡所购买电子工业出版社图书有缺损问题,请向购买书店调换,若书店售缺,请与本社发行部联系,联系及邮购电话:(010)88254888。
质量投诉请发邮件至 zlts@phei.com.cn,盗版侵权举报请发邮件至 dbqq@phei.com.cn。
服务热线:(010)88258888。

前 言

本书是高等职业院校课程改革成果系列教材之一,是依据最新研究制定的机电技术专业、数控技术、自动化技术专业人才培养方案中"电力拖动技术训练"课程标准,并参照了相关国家职业标准及有关行业职业技能鉴定规范编写而成。

本书采用了项目化的编写思路,以实践活动为主线,将理论知识和技能训练有机结合,体现了"做中学,学中做",突出综合职业能力的培养。

本书主要内容有电机维护维修、电力拖动安装与检测、机床排故。全书由十一个应用型项目组成,每个项目均由若干个具体的典型工作任务组成,每个任务均将相关知识和实践过程有机结合,力求体现"理论实践一体化"的教学理念。在内容的安排上采用了相关知识——技能训练——知识拓展的顺序,既符合学生的认知规律和技能形成的规律,又兼顾了学生的可持续发展性。本书项目内容与职业岗位"接轨",与职业技能鉴定标准接轨,所有内容的安排都围绕项目学习任务的完成。本书的设计兼顾了企业和个人两者的需求,着眼于人的全面发展,即以培养全面素质为基础,以提高综合职业能力为核心。

本书可作为职业院校(含五年制高职)数控技术专业、机电技术、电气自动化技术专业及相关专业的教学用书,也可作为有关行业的岗位培训教材及有关人员自学用书。

本书参考学时数为90学时,各项目的推荐学时如下:

序号	项 目	学时		
		理论	实践	合计
1	项目一、三相交流异步电动机的拆装与检测	4	2	6
2	项目二、三相异步电动机长动控制电路的安装与检测	4	4	8
3	项目三、电动机正反转控制电路的安装与检测	2	6	8
4	项目四、电动机自动往返控制电路的安装与检测	2	6	8
5	项目五、三相异步电动机减压启动控制电路的安装与检测	2	6	8
6	项目六、三相异步电动机制动控制电路的安装与检测	2	6	8
7	项目七、三相异步电动机调速控制电路的安装与检测	2	6	8
8	项目八、电气控制电路设计	2	2	4
9	项目九、CA6140车床电气控制电路的分析与故障排除	2	6	8
10	项目十、T68镗床电气控制电路的分析与故障排除	4	8	12
11	项目十一、XA6132铣床电气控制电路的分析与故障排除	4	8	12
	合计	30	60	90

本书由常州刘国钧高等职业技术学校袁建春、余萍主编,常州刘国钧高等职业技术的王子平、杨欢、高学群参与编写。

由于编者学识和水平有限,书中疏漏之处在所难免,敬请读者批评指正。

编 者

2014年5月

目 录

项目一　三相交流异步电动机的拆装与检测 ·· 1
　　任务一　三相交流异步电动机拆装 ·· 1
　　任务二　三相交流异步电动机检测 ·· 8
　　项目评价 ·· 18
　　知识拓展　三相异步电动机绕组故障分析和处理 ································ 19
　　思考与练习一 ·· 22

项目二　三相异步电动机长动控制电路的安装与检测 ································ 24
　　任务一　按钮、熔断器、接触器的拆装与检修 ···································· 24
　　任务二　长动控制电路的安装与检测 ·· 43
　　项目评价 ·· 56
　　知识拓展　认识点动长动混合控制电路 ··· 58
　　思考与练习二 ·· 59

项目三　电动机正反转控制电路的安装与检测 ··· 61
　　任务一　热继电器、低压断路器的拆装与检修 ···································· 61
　　任务二　接触器互锁正反转控制电路的安装与检测 ···························· 71
　　项目评价 ·· 79
　　知识拓展　认识多地控制电路 ·· 80
　　思考与练习三 ·· 80

项目四　电动机自动往返控制电路的安装与检测 ······································ 82
　　任务一　行程开关的拆装与检修 ·· 82
　　任务二　自动往返控制电路的安装与检测 ··· 86
　　项目评价 ·· 94
　　知识拓展　认识顺序控制电路 ·· 95
　　思考与练习四 ·· 98

项目五　三相异步电动机减压启动控制电路的安装与检测 ······················· 99
　　任务一　时间继电器的应用与检测 ·· 99
　　任务二　Y-△减压启动控制电路的安装与检测 ································· 104
　　项目评价 ·· 111

知识拓展　认识三相绕线式异步电动机启动控制电路……………………… 112
  思考与练习五 ………………………………………………………………………… 116

项目六　三相异步电动机制动控制电路的安装与检测 ……………………… 117

  任务一　速度继电器的拆装与检修 ……………………………………………… 117
  任务二　电动机能耗制动控制电路的安装与检测 ……………………………… 120
  项目评价 ……………………………………………………………………………… 128
  知识拓展　认识正反转反接制动 ………………………………………………… 130
  思考与练习六 ………………………………………………………………………… 131

项目七　三相异步电动机调速控制电路的安装与检测 ……………………… 132

  任务一　正确使用中间继电器 …………………………………………………… 132
  任务二　双速控制电路的安装与检测 …………………………………………… 134
  项目评价 ……………………………………………………………………………… 140
  知识拓展　认识直流电动机的基本控制电路 …………………………………… 141
  思考与练习七 ………………………………………………………………………… 145

项目八　电气控制电路设计 …………………………………………………………… 146

  任务一　学习电气控制电路设计的技巧 ………………………………………… 146
  任务二　电气控制电路设计实践 ………………………………………………… 152
  项目评价 ……………………………………………………………………………… 163
  思考与练习八 ………………………………………………………………………… 163

项目九　CA6140 车床电气控制电路的分析与故障排除 …………………… 164

  任务一　识读 CA6140 普通车床电气控制电路 ……………………………… 164
  任务二　电阻法排除车床电气故障 ……………………………………………… 168
  项目评价 ……………………………………………………………………………… 175
  知识拓展　认识 M7120 平面磨床的电气控制电路 …………………………… 176
  思考与练习九 ………………………………………………………………………… 180

项目十　T68 镗床电气控制电路的分析与故障排除 ………………………… 181

  任务一　识读 T68 镗床电气控制电路 ………………………………………… 181
  任务二　电压法排除镗床电气故障 ……………………………………………… 188
  项目评价 ……………………………………………………………………………… 197
  知识拓展　认识 Z3040B 摇臂钻床 ……………………………………………… 198
  思考与练习十 ………………………………………………………………………… 203

项目十一　XA6132 铣床电气控制电路的分析与故障排除 ⋯⋯⋯⋯⋯⋯⋯⋯⋯⋯⋯⋯ 204

　任务一　识读 XA6132 铣床电气控制电路 ⋯⋯⋯⋯⋯⋯⋯⋯⋯⋯⋯⋯⋯⋯⋯ 204

　任务二　排除 XA6132 铣床电气故障 ⋯⋯⋯⋯⋯⋯⋯⋯⋯⋯⋯⋯⋯⋯⋯⋯⋯ 214

　项目评价 ⋯⋯⋯⋯⋯⋯⋯⋯⋯⋯⋯⋯⋯⋯⋯⋯⋯⋯⋯⋯⋯⋯⋯⋯⋯⋯⋯⋯ 220

　知识拓展　数控机床简介 ⋯⋯⋯⋯⋯⋯⋯⋯⋯⋯⋯⋯⋯⋯⋯⋯⋯⋯⋯⋯⋯ 221

　思考与练习十一 ⋯⋯⋯⋯⋯⋯⋯⋯⋯⋯⋯⋯⋯⋯⋯⋯⋯⋯⋯⋯⋯⋯⋯⋯⋯ 225

参考文献 ⋯⋯⋯⋯⋯⋯⋯⋯⋯⋯⋯⋯⋯⋯⋯⋯⋯⋯⋯⋯⋯⋯⋯⋯⋯⋯⋯⋯⋯⋯ 226

项目一　三相交流异步电动机的拆装与检测

知识目标：
① 了解说出电机的分类和功能。
② 能解读三相异步电动机的铭牌,并解释各参数的含义。
③ 能指认三相异步电动机的基本结构,并简述各部分作用。
④ 能熟练地叙述三相异步电动机的基本工作原理。

能力目标：
① 会进行三相异步电动机的拆装。
② 会进行三相异步电动机首尾端的判别。
③ 会进行三相异步电动机三相平衡电阻的检测。
④ 会进行三相异步电动机绝缘电阻的检测。
⑤ 会检测三相异步电动机绕组的电气故障。

任务一　三相交流异步电动机拆装

本任务通过拆装三相异步电动机,认识三相异步电动机定子、转子的结构,并且知道定子、转子的作用。

一、相关知识

（一）电机

在电能的生产、转换、传输、分配、使用与控制等方面,都必须通过或使用能够进行能量(或信号)传递与变换的电磁机械装置,这些电磁机械装置被广义地称为电机。

通常所说的电机,是指那些利用电磁感应原理设计制造而成的、用于实现能量(或信号)传递与变换的电磁机械的统称。

按电机的功能来分类,电机可分为以下几种类型：
① 发电机——把机械能转变成电能。
② 电动机——把电能转变成机械能。
③ 变压器、变频机、变流机、移相器等——分别用于改变电压、频率、电流及相位,即把一种类型的电能转变成另一种类型的电能。
④ 控制电机——应用于各类自动控制系统中的控制元件。

值得指出的是,从基本工作原理来看,发电机与电动机只是电机的两种不同的运行方式,从能量转换的观点来看,二者是可逆的。

上述的各种电机中,有些是静止的,如变压器;有些是旋转的,如各种类型的发电机与电动机。

按电流的类型及工作原理的某些差异,旋转电机又可分为交流异步电动机(见图1-1)、直流电动机(见图 1-2)、交流同步电机及各种具有专门用途的控制电机等。

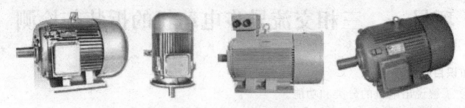

图 1-1　交流异步电动机

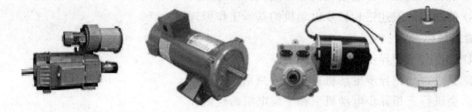

图 1-2　直流电动机

（二）电动机铭牌解读

在电动机的机壳上都有一块铭牌，上面标出了该电动机的型号和基本参数，它反映了该电动机的基本性能。它是我们选用、安装和维修电动机时的依据，如图 1-3 所示。

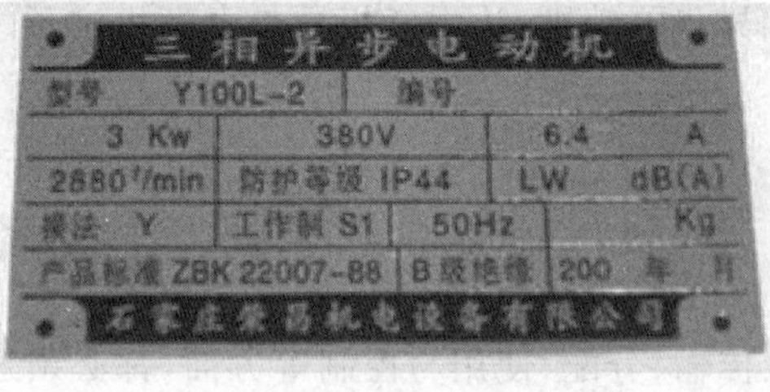

三相异步电动机
型号　Y100L-2　编号
3 Kw　380V　6.4 A
2880 r/min　防护等级 IP44　LW　dB(A)
接法 Y　工作制 S1　50Hz　Kg
产品标准 ZBK 22007-88　B级绝缘　200 年 月
石家庄荣昌机电设备有限公司

图 1-3　电动机铭牌

三相异步电动机的额定值刻印在每台电动机的铭牌上，一般包括下列信息和参数。

1. 型号

异步电动机型号的表示方法，一般采用大写印刷体的汉语拼音字母和阿拉伯数字组成，其中汉语拼音字母是根据电动机的全名称选择有代表意义的汉字，再用该汉字的第一个拼音字母组成产品的型号。为了适应不同用途和不同工作环境的需要，电动机制成不同的系列，每种系列用各种型号表示，如图 1-4 所示。

磁极极数
铁芯长度代号
机座长度代号，S—短机座，M—中机座，L—长机座
机座中心高度(mm)
产品名称代号

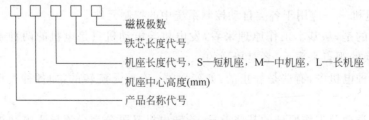

图 1-4　电动机型号与意义

例如：Y 132 M—4。

Y——三相异步电动机。其中，三相异步电动机的产品名称代号还有：YD 为多速异步电动机；YR 为绕线式异步电动机；YB 为防爆型异步电动机；YQ 为高启动转距异步电动机。

132——机座中心高(mm)。

M——机座长度代号。

4——磁极数。

2. 接法

接法是指定子三相绕组的接法。连接方法有星形(Y)连接和三角形(△)连接两种。

3. 额定功率 P_N

额定功率是指电动机在制造厂所规定的额定情况下运行时，其输出端的机械功率，单位一般为千瓦(kW)。对三相异步电动机，其额定功率为

$$P_N = \sqrt{3} U_N I_N \eta_N \cos\Phi_N$$

式中，η_N 和 $\cos\Phi_N$ 分别为额定情况下的效率和功率因数。

4. 额定电压 U_N

额定电压是指电动机额定运行时，外加于定子绕组上的线电压，单位为伏(V)。

一般规定电动机的工作电压不应高于或低于额定值的 5%。当工作电压高于额定值时，磁通将增大，将使励磁电流大大增加，电流大于额定电流，使绕组发热。同时，由于磁通的增大，铁损耗(与磁通平方成正比)也增大，使定子铁芯过热；当工作电压低于额定值时，引起输出转矩减小，转速下降，电流增加，也使绕组过热，这对电动机的运行也是不利的。

我国生产的 Y 系列中、小型异步电动机，其额定功率在 3kW 以上的，额定电压为 380V，绕组为三角形连接。额定功率在 3kW 及以下的，额定电压为 380/220V，绕组为 Y/△ 连接(即电源线电压为 380V 时，电动机绕组为星形连接；电源线电压为 220V 时，电动机绕组为三角形连接)。

5. 额定电流 I_N

额定电流是指电动机在额定电压和额定输出功率时，定子绕组的线电流，单位为安(A)。

当电动机空载时，转子转速接近于旋转磁场的同步转速，两者之间相对转速很小，所以转子电流近似为零，这时定子电流几乎全为建立旋转磁场的励磁电流。当输出功率增大时，转子电流和定子电流都随着相应增大。

6. 额定频率 f_N

我国电力网的频率为 50 赫[兹](Hz)，因此除外销产品外，国内用的异步电动机的额定频率为 50 赫[兹]。

7. 额定转速 n_N

额定转速是指电动机在额定电压、额定频率下，输出端有额定功率输出时，转子的转速，单位为转/分(r/min)。由于生产机械对转速的要求不同，需要生产不同磁极数的异步电动机，因此有不同的转速等级。最常用的是四个极的异步电动机($n_0 = 1500$ r/min)。

8. 额定效率 η_N

额定效率是指电动机在额定情况下运行时的效率，是额定输出功率与额定输入功率的

比值。即 $\eta_N = P_N/P_1 \times 100\%$，异步电动机的额定效率 η_N 约为 75%～92%。

9. 额定功率因数 $\cos\Phi_N$

因为电动机是电感性负载，定子相电流比相电压滞后一个角度，$\cos\Phi_N$ 就是异步电动机的功率因数。

三相异步电动机的功率因数较低，在额定负载时约为 0.7～0.9，而在轻载和空载时更低，空载时只有 0.2～0.3。因此，必须正确选择电动机的容量，防止出现"大马拉小车"的现象，并力求缩短空载的时间。

10. 绝缘等级

绝缘等级是按电动机绕组所用的绝缘材料在使用时容许的极限温度来分级的。

所谓极限温度，是指电动机绝缘结构中最热点的最高容许温度，其技术数据见表 1-1。

表 1-1 绝缘等级所对应的极限温度的关系

绝缘等级	A	E	B	F	H
极限温度/℃	105	120	130	155	180

11. 工作方式

工作方式反映异步电动机的运行情况，可分为三种基本方式：连续运行、短时运行和断续运行。

（三）三相异步结构

异步电动机按电源相数分类，可分为三相异步电动机与单相异步电动机。三相异步电动机使用三相交流电源，它具有结构简单、使用和维修方便、坚固耐用等优点，在工农业生产中应用极为广泛。

三相异步电动机外形有开启式、防护式、封闭式等多种形式，以适应不同的工作需要。在某些特殊场合，还有特殊的外形防护形式，如防爆式、潜水泵式等。不管外形如何，电动机结构基本上是相同的。现以封闭式电动机为例介绍三相异步电动机的结构。如图 1-5 所示是一台封闭式三相异步电动机解体后的零部件图。

1. 定子部分

定子部分由机座、定子铁芯、定子绕组及端盖、轴承等部件组成。

① 机座 机座用来支撑定子铁芯和固定端盖。中、小型电动机机座一般用铸铁浇成，如图 1-5 所示，大型电动机多采用钢板焊接而成。

② 定子铁芯 定子铁芯是电动机磁路的一部分。为了减小涡流和磁滞损耗，通常用 0.5mm 厚的硅钢片叠压成圆筒，硅钢片表面的氧化层（大型电动机要求涂绝缘漆）作为片间绝缘，在铁芯的内圆上均匀分布有与轴平行的槽，用以嵌放定子绕组。

③ 定子绕组 定子绕组是电动机的电路部分，也是最重要的部分，一般是由绝缘铜（或铝）导线绕制的绕组连接而成。它的作用就是利用通入的三相交流电产生旋转磁场。通常，绕组是用高强度绝缘漆包线绕制成各种形式的绕组，按一定的排列方式嵌入定子槽内。槽口用槽楔（一般为竹制）塞紧，槽内绕组匝间、绕组与铁芯之间都要有良好的绝缘。如果是双层绕组（就是一个槽内分上下两层嵌放两条绕组边），还要加放层间绝缘。

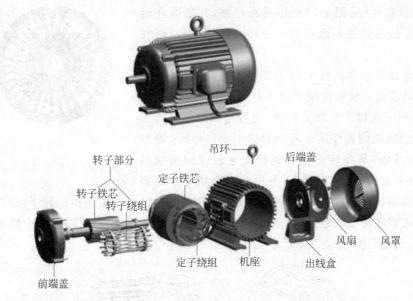

图 1-5 封闭式三相异步电动机的结构

④ 轴承 轴承是电动机定、转子衔接的部位,轴承有滚动轴承和滑动轴承两类,滚动轴承又有滚珠轴承(也称为球轴承,如图 1-6(a)所示)和滚柱轴承(图 1-6(b)所示)之分,它们的结构如图 1-6 所示。目前,多数电动机都采用滚动轴承,它的外圈装在端盖的轴承孔内,内圈装在转轴轴颈上。轴承两面有轴承盖,轴承盖与转轴之间的间隙处装有毡质油封,以阻止轴承内的润滑脂流出和尘埃侵入。滑动轴承也叫套筒轴承或轴瓦,其结构如图 1-6(c)所示。这种轴承的外部有贮存润滑油的油箱,轴承上还装有油环,轴转动时带动油环转动,把油箱中的润滑油带到轴与轴承的接触面上。为使润滑油能分布在整个接触面上,轴承上紧贴轴的一面一般开有油槽。

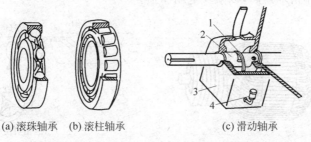

(a) 滚珠轴承　(b) 滚柱轴承　　(c) 滑动轴承

1—滚动轴承;2—轴承;3—油箱;4—油位指示器

图 1-6 轴承结构

2. 转子部分

转子是电动机中的旋转部分,如图 1-5 所示。转子一般由转轴、转子铁芯、转子绕组、风扇等组成。转轴用碳钢制成,两端轴颈与轴承相配合。出轴端铣有键槽,用以固定皮带轮或联轴器。转轴是输出转矩、带动负载的部件。转子铁芯也是电动机磁路的一部分。由

0.5mm厚的硅钢片(见图1-7)叠压成圆柱体,并紧固在转子轴上。转子铁芯的外表面有均匀分布的线槽,用以嵌放转子绕组。

三相交流异步电动机按照转子绕组形式的不同,一般可分为笼型异步电动机和绕线型异步电动机。

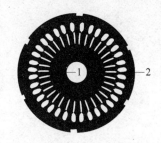

1—转子冲片;2—定子冲片

图1-7 交流电动机铁芯冲片

① 笼型转子线槽一般都是斜槽(线槽与轴线不平行),目的是改善启动与调速性能。其外形如图1-5所示;笼型绕组(也称为导条)是在转子铁芯的槽里嵌放裸铜条或铝条,然后用两个金属环(称为端环)分别在裸金属导条两端把它们全部接通(短接),即构成了转子绕组;小型笼型电动机一般用铸铝转子,这种转子是用熔化的铝液浇在转子铁芯上,导条、端环一次浇铸出来。如果去掉铁芯,整个绕组形似鼠笼,所以得名笼型绕组,如图1-8所示。

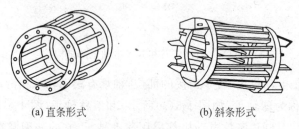

(a) 直条形式　　　　　　(b) 斜条形式

图1-8 笼型异步电动机的转子绕组形式

② 绕线型转子绕组与定子绕组类似,由镶嵌在转子铁芯槽中的三相绕组组成。绕组一般采用星形连接,三相绕组的尾端接在一起,首端分别接到转轴上的3个铜滑环上,通过电刷把3根旋转的线变成了固定线,与外部的变阻器连接,构成转子的闭合回路,以便于控制,如图1-9所示。有的电动机还装有电刷短路装置,当电动机启动后又不需要调速时,可提起电刷,同时使用3个滑环短路,以减少电刷摩损。

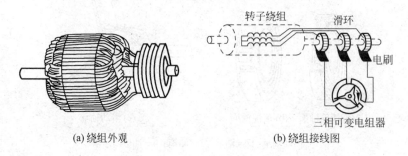

(a) 绕组外观　　　　　　(b) 绕组接线图

图1-9 绕线式异步电动机的转子

两种转子相比较,笼型转子结构简单,造价低廉,并且运行可靠,因而应用十分广泛。

绕线型转子结构较复杂,造价也高,但是它的启动性能较好,并能利用变阻器阻值的变化,使电动机能在一定范围内调速;在启动频繁、需要较大启动转矩的生产机械(如起重机)中常常被采用。一般电动机转子上还装有风扇或风翼,如图1-5所示,便于电动机运转时通风散热。铸铝转子一般是将风翼和绕组(导条)一起浇铸出来,如图1-8(b)所示。

二、技能训练

（一）训练目的
认识三相异步电动机的结构，会进行异步电动机的拆装，掌握机械故障检查方法。

（二）训练器材
钢丝钳、尖头钳、斜口钳、"十"字螺丝刀、"一"字螺丝刀、拉拔器、扳手等。

（三）训练内容与步骤

1. 拆卸异步电动机

① 拆卸电动机之前，必须拆除电动机与外部电气连接的连线，并做好相位标记。

② 拆卸步骤：带轮或联轴器→前轴承外盖→前端盖→风罩→风扇→后轴承外盖→后端盖→抽出转子→前轴承→前轴承内盖→后轴承→后轴承内盖。

③ 拆卸皮带轮或联轴器前，先在皮带轮或联轴器的轴伸端做好定位标记，用专用拉拔器将皮带轮或联轴器慢慢拉出（见图1-10）。拉时要注意皮带轮或联轴器受力的合力务必沿轴线方向，拉拔器顶端不得损坏转子轴端中心孔。

④ 拆卸端盖、抽出转子前，先在机壳与端盖的接缝处（即止口处）做好标记以便复位。均匀拆除轴承盖及端盖螺栓，拿下轴承盖，再用两个螺栓旋于端盖上两个顶丝孔中，两螺栓均匀用力向里转动（较大端盖要用吊绳将端盖先挂上），将端盖拿下。无顶丝孔时，可用铜棒对称敲击，卸下端盖，但要避免过重敲击，以免损坏端盖。对于小型电动机，抽出转子是靠人工进行的，为防手滑或用力不均碰伤绕组，应用纸板垫在绕组端部进行。

⑤ 轴承的拆卸、清洗。拆卸轴承应先用适宜的专用拉拔器。拉力应着力于轴承内圈，不能拉外圈，如图1-11所示，拉具顶端不得损坏转子轴端中心孔（可加些润滑油脂）。在轴承拆卸后，应将轴承用清洗剂洗干净，检查它是否损坏，有无必要更换。

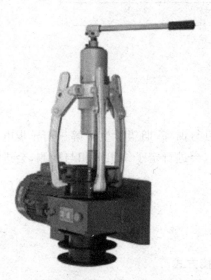

图1-10 拉拔器拆卸皮带轮

图1-11 拉拔器拆卸轴承

2. 装配异步电动机

① 用压缩空气吹净电动机内部灰尘,检查各部零件的完整性,清洗油污等。

② 装配异步电动机的步骤与拆卸相反。装配前要检查定子内污物、锈是否清除,止口有无损坏伤,装配时应将各部件按标记复位,并检查轴承盖配合是否合适。

③ 轴承装配可采用热套法和冷装配法。

3. 注意事项

① 拆移电机后,电机底座垫片要按原位摆放固定好,以免增加钳工对中的工作量。

② 拆、装转子时,一定要遵守要点的要求,不得损伤绕组,拆前、装后均应测试绕组绝缘及绕组通路。

③ 拆、装时不能用手锤直接敲击零件,应垫铜、铝棒或硬木,对称敲击。

④ 装端盖前应用粗铜丝,从轴承装配孔伸入钩住内轴承盖,以便于装配外轴承盖。

⑤ 用热套法装轴承时,只要温度超过100℃,应停止加热,工作现场应放置灭火器。

⑥ 清洗电机及轴承用的清洗剂(汽、煤油)不准随便乱倒,必须倒入污油井。

⑦ 检修场地须打扫干净。

4. 认识电动机型号

电动机型号为 YD160L—6/4,叙述型号中各代号的含义。

5. 认识电动机铭牌参数

如图 1-12 所示的电动机铭牌,叙述铭牌上各部分参数的含义。

三相异步电动机					
型号	Y2—632—2	电压	380V	接法	Y
功率	0.25kW	电流	0.7A	cosΦ	0.81
IP	54	转速	2725r/min	绝缘等级	F
频率	50 赫兹	定额	连续	出厂年月	2005.8
贝得电动机厂					

图 1-12 电动机铭牌

任务二 三相交流异步电动机检测

本任务通过对三相交流异步电动机检测的学习与训练,期望学生了解三相异步电动机旋转磁场的形成,掌握三相异步电动机的工作原理,会进行定子绕组分相与检测,会进行绝缘电阻检测。

一、相关知识

(一) 三相异步电动机定子绕组

1. 三相异步电动机定子绕组的空间位置与连接方式

三相异步电动机的 3 个绕组在空间上相互间隔机械角度 120°,如图 1-13 所示。为了减少漏磁损耗,实际电动机的绕组嵌放在定子铁芯线槽里,图 1-13 所示是绕组嵌放在定子铁芯槽里的示意图。图 1-13 中只画出了各个绕组的条边,两边之间的连接部分没有画出。例如 U1 和 U2 所接的小圆圈,实际是同一个绕组的两条边(绕组边与纸面垂直)。另两个绕组是 V1-V2 和 W1-W2。这里,U1、V1、W1 分别是 3 个绕组的首端,U2、V2、W2 分别是 3 个绕组的尾端。将 U2、V2、W2 接在一起,U1、V1、W1 接三相电源,就构成了星形(Y)接法,如图 1-14(a)所示。如果将 U2 与 V1、V2 与 W1、W2 与 U1 分别相连接,连接点引出引线,就构成三角形(△)接法,如图 1-14(b)所示。

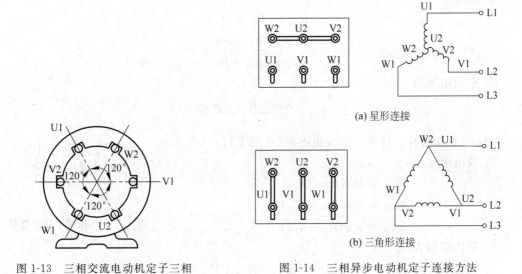

图 1-13　三相交流电动机定子三相绕组排列示意图

图 1-14　三相异步电动机定子连接方法

2. 三相绕组的直流电阻

三相异步电动机在不加交流电压时,绕组的电阻为直流电阻。在正常情况下,三绕组的直流电阻应该相同,但由于绕线时的拉力不匀或导线制造时的公差以及焊接接头的接触电阻不完全相同,三相绕组的直流电阻不完全相同,之间的差异用不平衡度来表示,表达式如下:

$$\frac{最大值-平均值}{平均值} \times 100\% \leqslant 4\%$$

$$\frac{平均值-最小值}{平均值} \times 100\% \leqslant 4\%$$

如三相直流电阻的不平衡度大于 4%,则说明绕组有故障。

(1) 三相绕组未连接时的直流电阻(见图 1-15)

① 各相绕组的直流电阻为 R_U、R_V、R_W。

② 平均阻值为

$$R_{av} = \frac{R_U + R_V + R_W}{3}$$

(2) 三相绕组作Y连接时的直流电阻(见图 1-16)

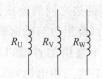

图 1-15 三相绕组

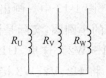

图 1-16 三相绕组作Y连接

① 线电阻：
$$R_{UV} = R_U + R_V$$
$$R_{VW} = R_V + R_W$$
$$R_{WU} = R_W + R_U$$

② 平均阻值为
$$R_{av} = \frac{R_{UV} + R_{VW} + R_{WU}}{3}$$

(3) 三相绕组作△连接时的直流电阻（见图 1-17）

① 线电阻
$$R_{UV} = R_U(R_V + R_W)$$
$$R_{VW} = R_V(R_W + R_U)$$
$$R_{WU} = R_W(R_U + R_V)$$

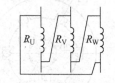

图 1-17 三相绕组作△连接

② 平均阻值为
$$R_{av} = \frac{R_{UV} + R_{VW} + R_{WU}}{3}$$

3. 电动机绕组的首尾端

(1) 电动机绕组分相

即把电动机的三相绕组区分开来。

对于六接线的电动机，如果不知道六根线所对应的电动机的某一相绕组，可以用万用表电阻挡来区分。

方法：六根线分别用①②③④⑤⑥来代表，如果用万用表的黑表棒接①端，红表棒分别测量②③④⑤⑥端，测到①与④之间电阻不为无穷大，而①对其他端子的电阻为无穷大，说明①和④为同一相，同样可以依此方法区分其他两相。

(2) 电动机的首尾端基本原理

电动机的首尾端是指三相绕组的三个一组同名端子为首端，另外三个一组同名端子为尾端，如图 1-18 所示。

三相异步电动机绕组在空间上互隔120°，如图 1-19 所示。当一相绕组 U1 和 U2 加上直流电压的瞬间，设电流从 U1 流进、U2 流出，则穿过 V1 和 V2 磁通增加，根据电磁感应定律，V1V2 绕组便产生感生磁通，抵制磁通的增加。感应磁通与原磁通的方向相反，根据右手螺旋定则，可判断出 V1 和 V2 的感应电动势，若 V1 和 V2 与一电流表相接，表的正端与 V2 相接，则可形成通路，电流方向为 V1 流进、V2 流出，表为正偏。

图1-18 电动机首尾端

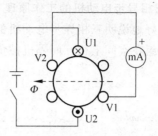

图1-19 电动机首尾端的直流判断法

在三相绕组中的一相如 W 相中加一低压交流电压(如 36V),则有相应的交变磁通穿过另两相(U 相和 V 相),并分别产生大小相等的感生电动势,如图 1-20 所示。如图 1-20(a)所示,当两相绕组如 U 相与 V 相顺串即 U2 与 V1 相联时,则两相电动势为叠加,若外接一电灯,则电灯会发光。如图 1-20(b)所示,当两相绕组反串时,则两相电动势相互抵消。根据以上分析,按照这种方法可知若灯亮,则与灯相接的两相绕组为顺串。

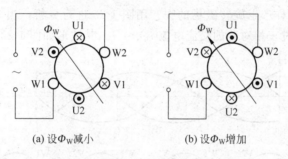

(a) 设 Φ_W 减小　　　　(b) 设 Φ_W 增加

图1-20 电动机首尾端的直流判断法

当两相绕组(如 U 相和 V 相)串接后接 36V 低压电源,如果顺串(见图 1-21(a)),则绕组产生的磁通正好穿过 W 相绕组平面,因为磁通是交变的,故 W 相有感生电动势,若 W 相上接一电灯,则灯可发亮。如果反串(见图 1-21(b)),则绕组也会产生交变磁通,只不过磁通与 W 相绕组平面平行,故不能产生感生电动势。所以可根据第三相上的灯是否发光来判定前两相是不是同名端。

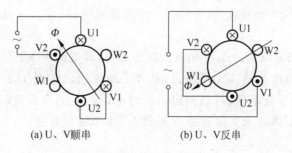

(a) U、V 顺串　　　　(b) U、V 反串

图1-21 绕组的顺串与反串

(二)三相异步电动机的工作原理

为了更好地说明三相异步电动机的工作原理,现再做一个如图 1-22 所示实验,图中所示的 3 个绕组在空间上相互间隔机械角度 120°,3 个绕组的尾端(标有 U2、V2、W2)连接在一起。

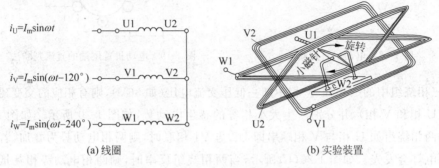

(a) 线圈　　　　　　　　　　　　　　(b) 实验装置

图 1-22　三相交流电产生旋转磁场的实验

三相交流电是怎样产生旋转磁场的呢?用图 1-23 进行分析。当 3 个绕组与三相电源接通后,绕组中便通过三相对称的交流电流 i_U、i_V、i_W,其波形如图 1-23 所示。

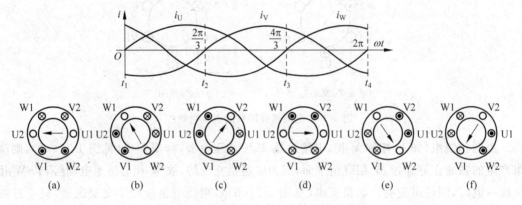

图 1-23　三相交流电产生旋转磁场示意图

现在选择几个特殊的运行时刻,看看三相电流所产生的合成磁场是怎样的。这里规定:电流取正值时,是由绕组始端流进(符号 ⊕),由尾端流出(符号 ⊙);电流取负值时,绕组中电流方向与此相反。

当 $\omega t = \omega t_1$,U 相电流 $i_U = 0$,V 相电流取为负值,即电流由 V2 端流进,由 V1 端流出;W 相电流 i_W 为正,即电流从 W1 端流进,从 W2 端流出。在图 1-23 所示的定子绕组图中,根据电生磁右手螺旋定则,可以判定出此时电流产生的合成磁场如图 1-23(a)所示。此时好像有一个有形体的永久磁铁的 N 极放在导体 U1 的位置上,S 极放在导体 U2 的位置上。

当 $\omega t = \omega t_2$ 时,电流已变化了 1/3 周期。此时刻 i_U 为正,电流由 U1 端流入,从 U2 端流出;i_V 为零;i_W 为负,电流从 W2 端流入,从 W1 端流出。这一时刻的磁场如图 1-23(c)所示。磁场方向较 $\omega t = \omega t_1$ 时沿顺时针方向在空间转过了 120°。

用同样的方法,继续分析电流在 $\omega t = \omega t_3$、$\omega t = \omega t_4$ 时的瞬时情况,便可得这两个时刻的磁场,如图 1-23(e)和(f)所示。

在 $\omega t = \omega t_4$ 时刻,磁场较 ωt_3 时再转过 120°,即自 t_1 时刻起至 t_4 时刻,电流变化了一个周期,磁场在空间也旋转了一周。电流继续变化,磁场也不断地旋转。

从上述分析可知,三相对称的交变电流通过对称分布的 3 组绕组产生的合成磁场,是在空间旋转的磁场,而且是一种磁场幅值不变的圆形旋转磁场。

三相异步电动机的基本原理:把对称的三相交流电通入彼此间隔 120°电角度的三相定子绕组,可建立起一个旋转磁场。根据电磁感应定律可知,转子导体中必然会产生感生电流,该电流在磁场的作用下产生与旋转磁场同方向的电磁转矩,并随磁场同方向转动。

转子的旋转速度一般称为电动机的转速,用 n 表示。根据三相异步电动机的工作原理可知,转子是被旋转磁场拖动而运行的,在异步电动机处于电动状态时,它的转速恒小于同步转速 n_1,这是因为转子转动与磁场旋转是同方向的,转子比磁场转得慢,转子绕组才可能切割磁力线,产生感生电流,转子也才能受到磁力矩的作用。假如有 $n = n_1$ 情况,则意味着转子与磁场之间无相对运动,转子不切割磁力线,转子中就不会产生感生电流,它也就受不到磁力矩的作用了。如果真的出现了这样的情况,转子会在阻力矩(来自摩擦或负载)作用下逐渐减速,使得 $n < n_1$。当转子受到的电磁力矩和阻力矩(摩擦力矩与负载力矩之和)平衡时,转子保持匀速转动。所以,异步电动机正常运行时,总是 $n < n_1$,这也正是此类电动机被称作"异步"电动机的由来。又因为转子中的电流不是由电源供给的,而是由电磁感应产生的,所以这类电动机也称为感应电动机。

二、技能训练

(一) 训练目的

通过训练进一步掌握三相异步电动机的三相绕组区分方法、首尾端的判别方法、三相平衡电阻的检测方法。

(二) 训练器材

万用表、单臂电桥(或双臂电桥)、"十"字螺丝刀、"一"字螺丝刀等。

(三) 训练内容与步骤

1. 首尾端的判别方法

拆开电机接线盒的连接片,分别在各接线柱上接出一段导线(加长引出线,测试时方便),在导线另一端用串灯或万用表分别测定定子上三相绕组的各自首尾端。

(1) 方法一:电池与毫安表检测法

如图 1-24 所示,在接通 S 开关的瞬间,如万用表(毫安挡)指针摆向大于零的一边,则电池"+"极所接端线头与万用表"一"极所接端线头同为首或尾;若指针反向摆动,则电池"+"极所接端线头与万用表"+"极所接端线头同为首或尾。再将电池接到另一相的两个线头上测试确定各自的首和尾。

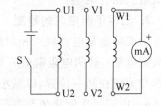

图 1-24 电池与毫安表检测法

(2) 方法二：万用表（毫安挡）检测法

如图 1-25 所示，将三相绕组的三个端头分别连接，用万用表（毫安挡）测试，转动电动机转子，若万用表的指针不动，则证明绕组头尾连接正确；若万用表有读数，说明某一项头尾连接错误，调换后再试。

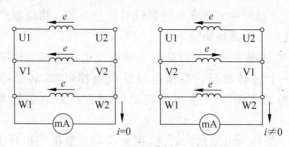

图 1-25　万用表（毫安挡）检测法

(3) 方法三：交流电源加万用表检测法

如图 1-26(a)所示，三相绕组接成Y形，其中任一相接入 36V 电源，两相出线端接万用表（10V 交流挡），记下读数后改接如图 1-26(b)所示，测试后再记下读数。如果两次都无读数，说明接线正确；都有读数说明两次都是没有接电源的那一相接反；如果两次中只有一次无读数另一次有读数，说明无读数的那一次接电源的一相反了。

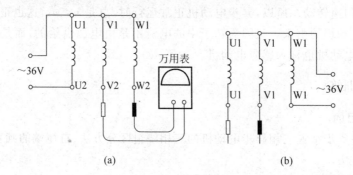

图 1-26　交流电源加万用表检测法

(4) 方法四：交流电源加白炽灯检测法

如图 1-27 所示，在分清属于同一相的两个线头之后，将任意两相串接起来，余下的一相接一个 6V 白炽灯，再把低压交流电（36V）接入两相串联的绕组内，如白炽灯亮，说明第一相的首端接到第二相的末端；如果白炽灯不亮，两相的首端或尾端接在一起。以同样的方法测试第三相首尾端。

2. 三相平衡电阻的检测

为准确测量电动机三相电阻，通常选择直流电桥来测量，当被测电阻阻值 $R<10\Omega$，采用双臂电桥；被测电阻阻值 $R>10\Omega$，采用单臂电桥。同一电动机的冷态与热态电阻，电桥量程开关应在同一位置，以减小测量误差。实际检测中一般测量三次。对中小型交流电动机，同一电阻每次测量值与其平均值相差 $\leqslant\pm0.5\%$（与设计值比较 $\leqslant\pm4\%$）。

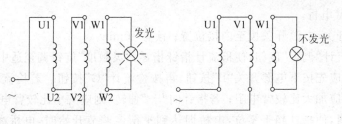

图 1-27 交流电源加白炽灯检测法

(1) 用单臂电桥测量电阻

① 认识单臂电桥。

用单臂电桥测量电阻时,其所测电阻值一般可以达到四位有效数字,可测量的最高阻值为 $10^6\Omega$,最低阻值为 1Ω。

如图 1-28 所示是 QJ23 型直流单臂电桥,其中面板说明如下:

- 待测电阻 R_x 接线柱。
- "灵敏度"旋钮:将"灵敏度"旋钮逆时针旋转,检流计灵敏度降低;顺时针旋转,检流计灵敏度增大。
- 检流计开关按钮 G:按下时检流计接通电路,松开(弹起)时检流计断开电路。
- 电源开关按钮 B:按下时电桥接通电路,松开(弹起)时断开电路。
- 外接检流计接线柱。
- 内接检流计与外接检流计选择开关。
- 内接检流计。
- 检流计调零旋钮。
- "倍率"旋钮:选择合适的倍率。
- 外接电源接线柱。
- 比较臂电阻。
- 内接电源与外接电源选择开关。

图 1-28 QJ23 型直流单臂电桥

② 使用单臂电桥。
- 检流计开关、电源开关拨至内接位置；预热 10min。
- 调节检流计"调零"旋钮，使检流计指针指零，"灵敏度"旋钮调至适中。
- 测量时，应先按下电源开关"B"按钮，再按检流计"G"按钮。若检流计指针向"+"偏转，表示应加大比较臂电阻；若指针向"-"偏转，则应减小比较臂电阻。反复调节比较臂电阻，使指针趋于零位，电桥即达到平衡。调节开始时，电桥离平衡状态较远，流过检流计的电流可能很大，使指针剧烈偏转，故先不要将检流计按钮按死，调节一次比较臂电阻时，按一下"G"按钮，当电桥基本平衡时，才可锁住"G"按钮。
- 测量结束后，应先松开"G"按钮，再松开"B"按钮。否则，在测量具有较大电感的电阻时，因断开电源而产生的电动势会作用到检流计回路，使检流计损坏。
- 将被测电阻接到标有"R_x"的两个接线柱之间，根据被测电阻 R_x 的近似值（可先用万用表测得），选择合适的倍率，以便让比较臂的 4 个电阻都用上，使测量结果为四位有效数字，提高读数精度。例如，$R_x \approx 8\Omega$，则可选择倍率 0.001，若电桥平衡时比较臂读数为 8211Ω，则被测电阻 R_x = 倍率 × 比较臂的读数 = 0.001 × 8211 = 8.211（Ω）。

如果选择倍率为 1，则比较臂的前 3 个电阻都无法用上，只能测得 R_x = 1×8 = 8Ω，读数误差大，失去用电桥进行精确测量的意义。

- 电桥不用时，应将各比较臂电阻置零，同时把检流计开关旋钮拨到"内接"位置，使检流计内部短路，以免搬运时震坏悬丝。

(2) 使用双臂电桥测量电阻

① 认识双臂电桥。

箱式双臂电桥的形式多样，适合测量 1Ω～10^{-6}Ω 的电阻。本实训用 QJ44 型携带式直流双臂电桥，实物如图 1-29 所示。

- ①电流端接线柱（C_1、C_2）；
- ②电位端接线柱（P_1、P_2）；
- ③检流计电位器"调零"旋钮；
- ④"灵敏度"旋钮；
- ⑤倍率开关旋钮；
- ⑥电源开关按钮；
- ⑦检流计开关按钮；
- ⑧粗调电阻旋钮；
- ⑨细调电阻旋钮；
- ⑩检流计；
- ⑪外接电源接线柱；
- ⑫内接与外接电源选择开关；
- ⑬标尺。

② 使用双臂电桥。

- 检流计开关、电源开关拨至内接位置，预热 5～10min。

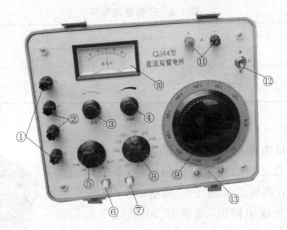

图 1-29　QJ44 型直流双臂电桥

- 调节检流计"调零"旋钮,使检流计指针指零,"灵敏度"旋钮调至最小。
- 测量时,应先按电源开关"B"按钮,再按检流计"G"按钮。若检流计指针向"+"偏转,表示应加大比较臂电阻;若指针向"−"偏转,则应减小比较臂电阻。反复调节比较臂电阻,使指针趋于零位,电桥即达到平衡。调节开始时,电桥离平衡状态较远,流过检流计的电流可能很大,使指针剧烈偏转,故先不要将检流计按钮按死,调节一次比较臂电阻,按一下"G"按钮,当电桥基本平衡时,才可锁住"G"按钮。
- 测量结束后,应先松开"G"按钮,再松开"B"按钮。否则,在测量具有较大电感的电阻时,因断开电源而产生的电动势会作用到检流计回路,使检流计损坏。
- 将被测电阻按四端方式(见图 1-30)连接到仪器的 C_1、P_1、P_2、C_2 端接线柱上,估计被测电阻值,按下"G"按钮,再按下"B"按钮,快速调整 R 各值使电桥平衡。注意:调节电阻时先调节粗调电阻,检流计指针接近零时,再调节细调电阻,如果一次调整不完,可以抬起"B"开关按钮,过 1~2s 再按下"B"开关按钮,继续前面的平衡操作,电桥平衡后,再将灵敏度逐渐调至最大。电桥平衡后,测试完毕,抬起"B"开关按钮、"G"开关按钮。

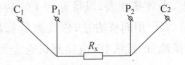

图 1-30　双臂电桥电阻连接方法

根据被测电阻 R_x 的近似值(可先用万用表测得),选择合适的倍率。

测试完毕,按"$R_x = (R_{S1} + R_{S2}) *$ 倍率"计算被测电阻。

- 电桥不用时,应将各比较臂电阻置零,同时把检流计开关拨到内接位置,使检流计内部短路,以免搬运时震坏悬丝。

(3) 利用 QJ42 型携带式直流双臂电桥测量三相电阻

根据上面介绍的 QJ44 型携带式直流双臂电桥的使用方法测量三相电阻,数据及结果填入表 1-2。

表 1-2　三相直流电阻　　　　　　　　　　　　　　　　　　单位：Ω

	R_U	R_V	R_W	R_{av}
1				
2				
3				

3. 绝缘电阻检测

一般用兆欧表测量电动机的绝缘电阻值，要测量每两相绕组和每相绕组与机壳之间的绝缘电阻值，以判断电动机的绝缘性能好坏。手摇式兆欧表如图 1-31 所示。

使用兆欧表测量绝缘电阻时，通常对 500V 以下电压的电动机用 500V 兆欧表测量；对 500～1000V 电压的电动机用 1000V 兆欧表测量。对 1000V 以上电压的电动机用 2500V 兆欧表测量。

图 1-31　手摇式兆欧表

电动机在热状态（75℃）条件下，一般中小型低压电动机的绝缘电阻值应不小于 0.5MΩ，高压电动机每千伏工作电压定子的绝缘电阻值应不小于 1MΩ，每千伏工作电压绕线式转子绕组的绝缘电阻值最低不得小于 0.5MΩ；电动机二次回路绝缘电阻不应小于 1MΩ。

电动机绝缘电阻测量步骤如下：

① 将电动机接线盒内 6 个端头的联片拆开。

② 把兆欧表放平，先不接线，摇动兆欧表手柄，表针应指向"∞"处，再将表上有"L"（电路）和"E"（接地）的两接线柱用带线的测试夹短接，慢慢摇动手柄，表针应指向"0"处。

③ 测量电动机三相绕组之间的电阻。将两测试夹分别接到任意两相绕组的任一端头上，平放兆欧表，以每分钟 120 转的匀速摇动兆欧表 1min 后，读取表针稳定的指示值。

④ 用同样方法，依次测量每相绕相与机壳的绝缘电阻值。但应注意，表上标有"E"或"接地"的接线柱，应接到机壳上无绝缘的地方。

项目评价

完成任务一和任务二的学习和技能训练后，填写表 1-3 所列项目评价表。

表 1-3　项目一评价表

训练课题				姓名	
开始时间		结束时间		工位号	
序号	项目	配分	评分标准及要求		扣分
1	电动机拆卸	15	拆卸工艺过程不正确，部件不认识，扣 10 分		
2	电动机安装	15	安装工艺过程不正确，扣 10 分		
3	首尾端判别	15	不能分相扣 5 分；首尾端不能判别扣 10 分		

续表

序号	项目	配分	评分标准及要求		扣分
4	三相平衡电阻检测	15	电桥不会使用,扣5分;测量过程不正确,扣5分;三相平衡电阻不会计算,扣5分		
5	绝缘电阻检测	20	兆欧表不会使用,扣5分;相间绝缘电阻测量不正确,扣10分;对地绝缘电阻测量不正确,扣10分		
6	整体性能判别	10	不会判别电动机整体性能好坏,扣10分		
7	安全、文明规范	10	操作台不整洁	扣5分	
			工具、器件摆放凌乱	扣5分	
			发生一般事故:训练中有大声喧哗等影响他人的行为等	每次扣5分	
			发生重大事故:损坏器件	本次技能考试总成绩以0分计	
备注		每一项最高扣分不应超过该项配分(除发生重大事故)		总成绩	
突出成绩					
主要问题					

知识拓展 三相异步电动机绕组故障分析和处理

绕组是电动机的组成部分,老化、受潮、受热、受侵蚀、异物侵入、外力的冲击都会造成对绕组的伤害,电机过载、欠电压、过电压、缺相运行也能引起绕组故障。绕组故障一般分为绕组接地、短路、开路、接线错误。现在分别说明故障现象、产生的原因及检查方法。

一、绕组接地

绕组接地指绕组与铁芯或与机壳绝缘破坏而造成的接地。

1. 故障现象

机壳带电、绕组短路发热,致使电动机无法正常运行。

2. 产生原因

绕组受潮使绝缘电阻下降,电动机长期过载运行,有害气体腐蚀,金属异物侵入绕组内部损坏绝缘,重绕定子绕组时绝缘损坏碰铁芯,绕组端部碰端盖机座,定、转子磨擦引起绝缘灼伤,引出线绝缘损坏与壳体相碰,过电压(如雷击)使绝缘击穿。

3. 检查方法

① 观察法。通过目测绕组端部及线槽内绝缘物,观察有无损伤和焦黑的痕迹,如有就是接地点。

② 万用表检查法。用万用表低阻挡检查,读数很小,则为接地。

③ 兆欧表法。根据不同的等级选用不同的兆欧表测量每组绕阻的绝缘电阻,若读数为零,则表示该项绕组接地。但对电机绝缘受潮或因事故而击穿,需依据经验判定,一般说来

指针在"0"处摇摆不定时,可认为其具有一定的电阻值。

④ 试灯法。如果试灯亮,说明绕组接地,若发现某处伴有火花或冒烟,则该处为绕组接地故障点。若灯微亮则绝缘有接地击穿。若灯不亮,但测试棒接地时也出现火花,说明绕组尚未击穿,只是严重受潮。也可用硬木在外壳的止口边缘轻敲,敲到某一处灯一灭一亮时,说明电流时通时断,则该处就是接地点。

⑤ 电流穿烧法。用一台调压变压器,接上电源后,接地点很快发热,绝缘物冒烟处即为接地点。应特别注意小型电机不得超过额定电流的两倍,时间不超过30s;大电机为额定电流的20%~50%或逐步增大电流,到接地点刚冒烟时立即断电。

⑥ 分组淘汰法。对于接地点在铁芯里面且烧灼比较厉害,烧损的铜线与铁芯熔在一起,采用的方法是把接地的一相绕组分成两部分,依此类推,最后找出接地点。

此外,还有高压试验法、磁针探索法、工频振动法等,此处不一一介绍。

4. 处理方法

① 绕组受潮引起接地的应先进行烘干,当冷却到60~70℃时,浇上绝缘漆后再烘干。
② 绕组端部绝缘损坏时,在接地处重新进行绝缘处理,涂漆,再烘干。
③ 绕组接地点在槽内时,应重绕绕组或更换部分绕组元件。

最后应用不同的兆欧表进行测量,满足技术要求即可。

二、绕组短路

由于电动机电流过大、电源电压变动过大、单相运行、机械碰伤、制造不良等造成绝缘损坏而导致绕组短路,常见的有分绕组匝间短路、绕组间短路、绕组极间短路和绕组相间短路。

1. 故障现象

磁场分布不均,三相电流不平衡使电动机运行时振动和噪声加剧,严重时电动机不能启动,而在短路线圈中产生很大的短路电流,导致线圈迅速发热而烧毁。

2. 产生原因

电动机长期过载,使绝缘老化失去绝缘作用;嵌线时造成绝缘损坏;绕组受潮使绝缘电阻下降造成绝缘击穿;端部和层间绝缘材料没垫好或整形时损坏;端部连接线绝缘损坏;过电压或遭雷击使绝缘击穿;转子与定子绕组端部相互摩擦造成绝缘损坏;金属异物落入电动机内部和油污过多。

3. 检查方法

① 外部观察法。观察接线盒、绕组端部有无烧焦现象,通常绕组过热后留下深褐色的痕迹,并有臭味。
② 探温检查法。空载运行20min(发现异常时应立即停止),用手背触摸绕组各部分是否超过正常温度。
③ 通电实验法。用电流表测量,若某相电流过大,说明该相有短路处。
④ 电桥检查法。测量每个绕组直流电阻,一般相差不应超过5%以上,如超过,则电阻小的一相有短路故障。
⑤ 短路侦察器法。被测绕组有短路,则钢片就会产生振动。
⑥ 万用表或兆欧表法。测量任意两相绕组相间的绝缘电阻,若读数极小或为零,说明

该两相绕组相间有短路。

⑦ 电压降法。把三绕组串联后通入低压安全交流电,测得读数小的一组有短路故障。

⑧ 电流法。电机空载运行,先测量三相电流,再调换两相测量并对比,若不随电源调换而改变,较大电流的一相绕组有短路。

4. 短路处理方法

① 短路点在端部。可用绝缘材料将短路点隔开,也可重包绝缘线,再上漆烘干。

② 短路在线槽内。将其软化后,找出短路点后修复,重新放入线槽,再上漆烘干。

③ 对短路线匝少于 1/12 的每相绕组,串联匝数时切断全部短路线,将导通部分连接,形成闭合回路,这种方法供应急使用。

④ 绕组短路点匝数超过 1/12 时,要全部拆除重绕。

三、绕组开路

绕组开路的常见原因有:由于焊接不良或使用腐蚀性焊剂,焊接后又未清除干净,就可能造成虚焊或松脱;受机械应力或碰撞时线圈短路、短路与接地故障也可使导线烧毁;在并绕的几根导线中有一根或几根导线短路时,另几根导线由于电流的增加而温度上升,引起绕组发热而断线。绕组开路一般分为一相绕组端部断线、匝间短路、并联支路处断路、多根导线并绕中一根断路、转子断笼。

1. 故障现象

电动机不能启动,三相电流不平衡,有异常噪声或震动大,温升超过允许值或冒烟。

2. 产生原因

① 在检修和维护保养时碰断绕组,或由于制造质量问题而产生断路。

② 绕组各元件、极(相)组和绕组与引接线等接线头焊接不良,长期运行过热脱焊。

③ 受机械力和电磁场力使绕组损伤或拉断。

④ 匝间或相间短路及接地造成绕组严重烧焦或熔断等。

3. 检查方法

① 观察法。断点大多数发生在绕组端部,观察有无碰折、接头处有无脱焊等情况。

② 万用表法。利用电阻挡,对"Y"形接法的将一根表棒接在"Y"形的中心点上,另一根依次接在三相绕组的首端,万用表读数为无穷大的一相为断点;"△"形接法的断开连接后,分别测每项绕组,万用表读数为无穷大的则为断路点。

③ 试灯法。方法同前,灯不亮的一相为断路。

④ 兆欧表法。阻值趋向无穷大(不为零值)的一相为断路点。

⑤ 电流表法。电机在运行时,用电流表测量三相电流,若三相电流不平衡,又无短路现象,则电流较小的一相绕组有部分断路故障。

⑥ 电桥法。当电机某一相电阻比其他两相电阻大时,说明该相绕组有部分断路故障。

⑦ 电流平衡法。对于"Y"形接法的,可将三相绕组并联后,通入低电压大电流的交流电,如果三相绕组中的电流相差大于 10% 时,电流小的一端为断路;对于"△"形接法的,先将定子绕组的一个接点拆开,再逐相通入低压大电流,其中电流小的一相为断路。

⑧ 断笼侦察器检查法。检查时,如果转子断笼,则毫伏表的读数应减小。

4. 断路处理方法

① 断路在端部时,连接好后焊牢,包上绝缘材料,套上绝缘管,绑扎好,再烘干。

② 绕组由于匝间、相间短路和接地等原因而造成绕组严重烧焦的一般应更换新绕组。

③ 对断路点在槽内的,属少量断点的做应急处理,采用分组淘汰法找出断点,并在绕组断部将其连接好并保证绝缘合格后再使用。

④ 对笼形转子断笼的可采用焊接法、冷接法或换条法进行修复。

四、绕组接错

绕组接错造成不完整的旋转磁场,致使产生启动困难、三相电流不平衡、噪声大等症状,严重时若不及时处理会烧坏绕组。主要有下列几种情况:某极相中一只或几只线圈嵌反或头尾接错;极(相)组接反;某相绕组接反;多路并联绕组支路接错;"△"、"Y"形接法错误。

1. 故障现象

电动机不能启动、空载电流过大或不平衡过大,温升太快或有剧烈震动并有很大的噪声、烧断保险丝等现象。

2. 产生原因

误将"△"形接法接成"Y"形接法;维修保养时三相绕组有一相首尾接反;减压启动时抽头位置选择不合适或内部接线错误;新电机在下线时,绕组连接错误;旧电机出头判断不对。

3. 检修方法

① 滚珠法。如滚珠沿定子内圆周表面旋转滚动,说明正确,否则绕组有接错现象。

② 指南针法。如果绕组没有接错,则在一相绕组中,指南针经过相邻的极(相)组时,所指的极性应相反,在三相绕组中相邻的不同相的极(相)组也相反;如极性方向不变时,说明有一极(相)组反接;若指向不定,则相组内有反接的线圈。

③ 万用表电压法。按接线图,如果两次测量电压表均无指示,或一次有读数、一次没有读数,说明绕组有接反处。

④ 常见的还有干电池法、毫安表剩磁法、电动机转向法等。

4. 处理方法

① 一个线圈或线圈组接反,则空载电流有较大的不平衡,应进厂返修。

② 引出线错误的应正确判断首尾后重新连接。

③ 减压启动接错的应对照接线图或原理图,认真校对重新接线。

④ 新电机下线或重接新绕组后接线错误的,应送厂返修。

⑤ 定子绕组一相接反时,接反的一相电流特别大,可根据这个特点查找故障并进行维修。

⑥ 把"Y"形接法接成"△"形,或匝数不够,则空载电流大,应及时更正。

思考与练习一

1.1 叙述电机的分类和功能。

1.2 有一台三相异步电动机,型号是Y160L—4,接法为"Y"形接法,功率为15kW,工作方式为S1,电压为380V,电流为30A,绝缘等级为C级,温升为75℃,转速为1450r/min,

频率为50Hz,防护等级为IP44,请解释每个参数的具体含义。

1.3　简述三相异步电动机有什么特点？主要有哪几部分组成？各部分的作用？
1.4　叙述三相异步电动机拆卸步骤。
1.5　叙述三相异步电动机工作原理。
1.6　怎样改变电动机正反转？电力拖动系统有哪几部分组成？
1.7　叙述用万用表(毫安挡)检测法检测三相异步电动机的步骤。
1.8　叙述用双臂电桥测量三相异步电动机直流电阻的步骤。
1.9　检测电动机的绝缘电阻时要测量哪些项目？
1.10　叙述用兆欧表测量电动机绝缘电阻的操作步骤。

项目二　三相异步电动机长动控制电路的安装与检测

知识目标：
① 能简述电力拖动的定义、组成、分类及优点。
② 能简述电器的含义，能说出低压电器的分类。
③ 能看懂低压电器类组代号并进行指认。
④ 能说出接触器、按钮、熔断器的组成、分类和功能，并能指认其结构。
⑤ 能画出接触器、按钮、熔断器的图形符号，并写出其文字符号，能解释其型号的含义。
⑥ 能解释电气图的含义，并叙述电气控制图的分类。
⑦ 能简述电气原理图的绘制规则。
⑧ 能简述阅读电气原理图的基本方法。
⑨ 能正确绘制点动和长动控制电路，并且能够叙述其工作过程。

能力目标：
① 会拆装接触器、按钮、熔断器，并会正确选用这些器件。
② 能叙述电力拖动控制电路安装工艺，并能够按照工艺要求安装控制电路。
③ 会使用万用表检测电路。

任务一　按钮、熔断器、接触器的拆装与检修

本任务主要学习低压电器的一般知识，通过学习，了解和掌握按钮、熔断器、接触器的结构、工作原理、拆装工艺、选择使用方法等知识，并且通过资料、网络查询相关低压电器的知识。

一、相关知识

（一）认识低压电器

继电接触器控制方式，是由各种有触点电器，如接触器、继电器、按钮、行程开关等组成的控制系统。它能实现电力拖动系统的启动、反向、制动、调速和保护等控制，实现生产过程自动化。由于它具有结构简单、维护调整方便、价格低廉等优点，因此是目前应用最广泛、最基本的一种控制方式。

1. 电力拖动
（1）电力拖动及组成

电力拖动是指用电动机拖动生产机械。由于电力在生产、传输、分配、使用和控制等方面的优越性，使电力拖动获得广泛应用。目前，生产中大量使用的各种生产机械，例如普通机床、电梯、轧钢机等，都需采用电力拖动。

项目二　三相异步电动机长动控制电路的安装与检测

电力拖动一般由电源、电动机、控制设备、传动机构四部分组成,如图 2-1 所示。

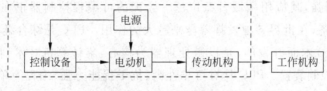

图 2-1　电力拖动组成

(2) 电力拖动系统分类

① 按拖动电动机不同分为直流拖动系统、交流拖动系统。

② 按有无反馈装置分为闭环电力拖动系统、开环电力拖动系统。

③ 按控制电器分为有触点系统、无触点系统。

(3) 电机与电力拖动系统发展概况

电机与电力拖动系统发展经历了三个阶段,即集中拖动、单独拖动和多机拖动阶段。

(4) 电力拖动系统的优点

① 启动、制动、反转和调速的控制简单方便,快速性好,效率高。

② 满足各种类型生产机械的要求。

③ 参数的检测、信号的变换和传送方便,易于实现最优控制等。

(5) 电力拖动自动控制的发展

电力拖动自动控制的发展经历了以下几个阶段。

① 继电接触式有触点断续控制。继电接触式有触点断续控制是通过主令电器、继电器、接触器及保护元件组成的继电、接触器控制系统,该系统可以实现电动机的启动、制动、反相、调速与停车等控制,继电接触式控制系统只有通和断两种状态,其控制是断续的,只能控制信号的有无,不能连续地控制信号的变化。这种控制方法简单、工作稳定、成本低,能在一定范围内适应单机和自动生产线的需要,在工矿企业中仍被广泛采用。

② 直流电动机连续控制。由于直流电动机调速性能好,调速范围可相应扩大,调速精度高,调速平滑性好,特别是目前功率电子器件的不断更新与发展,技术不断成熟,直流电动机连续控制系统已得到广泛应用。

③ 交流电动机连续控制。由于电力电子技术的发展,交流调速得以迅速发展。它的调速性能已可与直流调速系统的性能相媲美,有取代直流调速系统的趋势。近几年来,科学技术的迅速发展为交流调速技术的发展创造了极为有利的技术条件和物质基础。交流电动机的调速系统不但性能与直流电动机的性能一样,而且成本和维护费用比直流电动机系统更低,可靠性更高。目前,国外先进的工业国家生产直流传动的装置基本呈下降趋势,而交流变频调速装置的生产大幅度上升。

④ 可编程序（PLC）控制器控制。作为通用工业控制计算机，可编程控制器从无到有，其功能从弱到强，其应用领域日益广泛。今天的可编程控制器正在成为工业控制领域的主流控制设备，在世界各地发挥着越来越大的作用。PLC是综合继电-接触器控制技术和计算机控制技术而开发的，是以微处理器为核心，集计算机技术、自动控制技术、通信技术于一体的控制装置。PLC具有可靠性高、抗干扰能力强、编程简单、使用方便、功能完善、通用性强、设计安装简单、维护方便、体积小、重量轻、能耗低等其他控制器无法比拟的特点，在各个行业中有着广泛的应用，已经成为现代工业控制的三大支柱（PLC、机器人和CAD/CAM）。

⑤ 采样控制。由于数控技术的发展和计算机的广泛应用，电力拖动还出现了控制时间极短的断续控制，即采样控制。使电力拖动系统又发展到了一个新水平，向着生产过程自动化的方向快速发展。计算机控制还可以不断地处理复杂生产过程中的大量数据，由此可以计算出最佳参数，然后通过自动化控制设备及时调整各部分生产机械，使之保持最合理的运行状态，实现整个生产过程的自动化。

2. 低压电器

根据外界特定的信号和要求自动或手动接通或断开电路，断续或连续改变电路参数，实现对电路或非电对象的接通、切换、保护、检测、控制、调节作用的设备称为电器。

在电力拖动控制系统中，低压电器主要用于对电动机进行控制、调节和保护。在低压配电电路或动力装置中，低压电器主要用于对电路或设备进行保护以及通断、转换电源或负载。低压电器是设备电气控制系统中的基本组成元件，控制系统的优劣与所用的低压电器直接相关。电气技术人员只有掌握低压电器的基本知识和常用低压电器的结构及工作原理，并能准确选用、检测和调整常用低压电器元件，才能够分析设备电气控制系统的工作原理，处理一般故障及进行维修。如图2-2所示为常见低压电器。

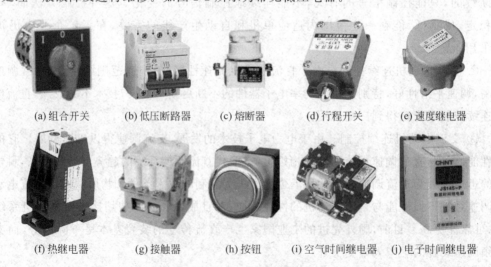

图2-2 常见低压电器

项目二 三相异步电动机长动控制电路的安装与检测

随着科学技术的飞速发展,自动化程度的不断提高,电器的应用范围日益扩大,品种不增加。尤其是随着电子技术在电器中的广泛应用,近年来出现了许多新型电器。

(1) 低压电器的分类

① 按动作方式分。

手动控制电器:依靠外力(如人工)直接操作来进行切换的电器,如刀开关、按钮等。

自动控制电器:依靠指令或物理量(如电流、电压、时间、速度等)变化而自动动作的电器,如接触器、继电器等。

② 按用途分。

低压控制电器:主要在低压配电系统及动力设备中起控制作用,控制电路的接通、分断以及电动机的各种运行状态,如刀开关、接触器、按钮等。

低压保护电器:主要在低压配电系统及动力设备中起保护作用,保护电源和电路或电动机,使它们不至于在短路状态和过载状态下运行,如熔断器、热继电器等。

有些电器既有控制作用,又有保护作用,如行程开关既可控制行程,又能作为极限位置的保护;自动开关既能控制电路的通断,又能起短路、过载、欠压等保护作用。

③ 按执行机构分。

有触点电器:这类电器具有动触点和静触点,利用触点的接触和分离来实现电路的通断。

无触点电器:这类电器无触点,主要利用晶体管的开关效应,即导通或截止来实现电路的通断。

(2) 低压电器的组成

低压电器一般都有感受部分和执行部分两个基本部分。感受部分的功能是感受外界信号,作出有规律的反应。在自动控制电器中,感受部分大多由电磁机构组成;在手动控制电器中,感受部分通常是操作手柄等。执行部分,如触点连同灭弧系统,它根据指令,执行电路接通、切断等任务。对于低压断路器类的低压电器,还具有中间(传递)部分,它的任务是把感受和执行两部分联系起来,使它们协同一致,按一定的规律动作。

(3) 低压电器的主要技术指标

为保证电器设备安全可靠地工作,国家对低压电器的设计、制造规定了严格的标准,合格的电器产品应达到国家标准规定的技术要求。我们在使用电器元件时,必须按照产品说明书中规定的技术条件选用。低压电器的主要技术指标有以下几项。

① 绝缘强度。指电器元件的触点处于分断状态时,动静头之间耐受的电压值(无击穿或闪络现象)。

② 耐潮湿性能。指保证电器可靠工作的允许环境潮湿条件。

③ 极限允许温升。电器的导电部件,通过电流时将引起发热和温升,极限允许温升指为防止过度氧化和烧熔而规定的最高温升值(温升值=测得实际温度-环境温度)。

④ 操作频率。电器元件在单位时间(1h)内允许操作的最高次数。

⑤ 寿命。电器的寿命包括电寿命和机械寿命两项指标。电寿命,指电器元件的触点在规定的电路条件下,通断额定负荷电流的总次数。机械寿命,指电器元件在规定使用条件下,正常操作的总次数。

3. 低压电器的全型号表示法及代号含义

为了生产销售、管理和使用方便,我国对各种低压电器都按规定编制型号。即由类别代号、组别代号、设计代号、基本规格代号和辅助规格代号几部分构成低压电器的全型号。每一级代号后面可根据需要加设派生代号。低压电器全型号表示法及代号含义如图 2-3 所示。

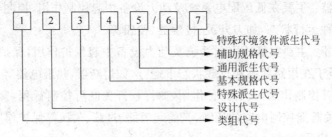

图 2-3 低压电器的全型号表示法及代号含义

低压电器全型号中各部分必须使用规定的符号或数字表示,各部分代号的含义如下。

(1) 类组代号

类组代号包括类别代号和组别代号,用汉语拼音字母表示,代表低压电器元件所属的类别,以及在同一类电器中所属的组别。

(2) 设计代号

设计代号用数字表示,表示同类低压电器元件的不同设计序列。

(3) 特殊派生代号

特殊派生代号用字母表示,说明全系列在特殊情况下变化特征。

(4) 基本规格代号

基本规格代号用数字表示,表示同一系列、同一规格产品中的有某种区别的不同产品。

(5) 通用派生代号

通用派生代号用字母表示,表示特点、性质等,具体见表 2-1。

其中,类组代号与设计代号的组合表示产品的系列,一般称为电器的系列号。同一系列的电器元件的用途、工作原理和结构基本相同,而规格、容量则根据需要可以有许多种。例如:JR16 是热继电器的系列号,同属这一系列的热继电器的结构、工作原理都相同;但其热元件的额定电流从零点几安到几十安,有十几种规格。辅助规格代号为 3D 的有 3 相热元件,装有差动式断相保护装置,因此能对三相异步电动机有过载和断相保护功能。低压电器类组代号、派生代号及含义见表 2-1 和表 2-2。

表2-1 低压电器类组代号

代号	名称	A	B	C	D	G	H	J	K	L	M	P	Q	R	S	T	U	W	X	Y	Z
H	刀开关和转换开关				刀开关		封闭式负荷开关		开启式负荷开关						刀形转换开关						组合开关
R	熔断器			插入式			汇流排式			螺旋式	封闭管式			熔断器式刀开关	快速	有填料管式				其他	
D	自动开关										灭磁				快速			框架式	限流	其他	塑料外壳式
K	控制器	按钮式				鼓形		交流				平面			时间	凸轮	油浸		限流	其他	直流
C	接触器			磁力						电流		中频				通用				其他	综合
Q	启动器							减压					启动		手动	通用		温度	星三角	其他	
J	控制继电器							接近开关	主令控制器					热	时间					其他	中间
L	主令电器												牵引		主令开关	足踏开关	旋钮	万能转换开关	行程开关	其他	
Z	电阻器			旋臂式	铁铬铝带型元件	管形元件									烧结元件	铸铁元件			电阻器	其他	
B	变阻器		板形元件	冲片元件	电压					励磁		频敏			石墨		油浸启动	液体启动	滑线式	其他	
T	调整器					高压										启动调速		起重		液压	
M	电磁铁																					制动
A	其他	触电保护器	插销	灯			接线盒			电铃											

表 2-2 低压电器派生代号

派生字母	代 表 意 义
A,B,C,D…	结构设计稍有改进或变化
C	插入式
J	交流、防溅式
Z	直流、自动复位、防震、重任务、正向
W	无灭弧装置、无极性
N	可逆、逆向
S	有锁住机构、手动复位、防水式、三相、三个电源、双线圈
P	电磁复位、防滴式、单相、两个电源、电压的
K	保护式、带缓冲装置
H	开启式
M	密封式、灭磁、母线式
Q	防尘式、手车式
L	电流的
F	高返回、带分励脱扣
T	按(湿热带)临时措施制造
TH	湿热带
TA	干热带

（TH、TA：此项派生字母加注在全型号字母之后）

（二）按钮

按钮是一种手动操作接通或分断小电流控制电路的主令电器。一般情况下它不直接控制主电路的通断，主要利用按钮远距离发出手动指令或信号去控制接触器、继电器等电磁装置，实现主电路的分合、功能转换或电气联锁。它只能短时接通或分断 5A 以下的小电流电路，向其他电器发出指令性的电信号，控制其他电器动作。由于按钮载流量小，不能直接用于控制主电路的通断。

按钮根据使用要求、安装形式与操作方式不同，其种类非常多，部分常见按钮如图 2-4 所示。

1．按钮结构与工作原理

（1）按钮结构

按钮一般有按钮帽、复位弹簧、动触点、静触点和外壳等组成。按钮结构示意图如图 2-5 所示。

（2）按钮分类

① 按保护形式分：有开启式、保护式、防水式、防腐式等。

② 按结构形式分：有嵌压式、紧急式、钥匙式、旋钮式、带信号灯式、带灯揿钮式等。

③ 按颜色分：有红、黑、绿、白、蓝等。

④ 由于按钮的触点结构、数量和用途的不同，它又分为停止按钮（动断按钮）、启动按钮（动合按钮）和复合按钮（既有动断触点，又有动合触点）。复合按钮，在按下按钮帽令其动作时，首先断开动断触点，再通过一定行程后才接通动合触点；松开按钮帽时，复位弹簧先将动合触点分断，通过一定行程后动断触点才闭合。

（3）按钮的图形与文字符号

按钮的图形与文字符号如图 2-6 所示。

图 2-4 常见按钮

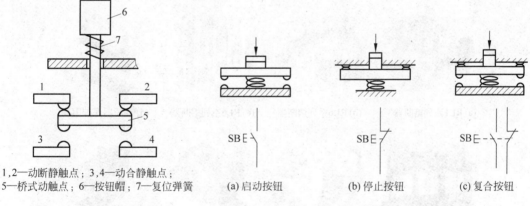

1,2—动断静触点；3,4—动合静触点；
5—桥式动触点；6—按钮帽；7—复位弹簧

图 2-5 按钮结构示意图

(a) 启动按钮　(b) 停止按钮　(c) 复合按钮

图 2-6 按钮的图形与文字符号

(4) 按钮型号含义

按钮的型号与含义如图 2-7 所示。

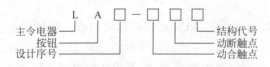

图 2-7 按钮的型号与含义

2. 按钮选择使用

按钮的主要技术参数有：规格、结构形式、触点对数和按钮颜色等。选择与使用时应从使用场合、所需触点数及按钮帽的颜色等因素考虑。一般红色表示停止，绿色表示启动，黄色表示干预。按钮主要用于操纵接触器、继电器或电气连锁电路，以实现对各种运动的控制。

按钮的选用注意事项：

① 根据使用场合，选择按钮的型号和形式。

② 按工作状态指示和工作情况的要求，选择按钮和指示灯的颜色。

③ 按控制回路的需要，确定按钮的触点形式和触点的组数。

④ 按钮用于高温场合时，易使塑料变形老化而导致松动，引起接线螺钉间相碰短路，可在接线螺钉处加套绝缘塑料管来防止短路。

⑤ 带指示灯的按钮因指示灯发热，长期使用易使塑料灯罩变形，应降低指示灯电压，延长使用寿命。

（三）熔断器

熔断器是一种广泛应用的最简单有效的保护电器，常在低压电路和电动机控制电路中起过载保护和短路保护。它串联在电路中，当通过的电流大于规定值时，使熔体熔化而自动分断电路。

1. 熔断器结构与原理

熔断器有管式、插入式、螺旋式、卡式等几种形式，其中部分熔断器的外形如图 2-8 所示。

(a) RL1系列熔断器　(b) RL6系列熔断器　(c) RL6系列熔断器　(d) 变压器保护用高压限流熔断器

(e) RT0系列熔断器　(f) RT0系列熔断器　(g) RT0系列有填料快速熔断器　(h) RT14系列熔断器

图 2-8　常见熔断器

熔断器主要由熔体、绝缘管座、填料及导电部件组成。熔断器的主要元件是熔体，它是熔断器的核心部分，常做成丝状或片状。在小电流电路中，常用铅锡合金和锌等低熔点金属做成圆截面熔丝；在大电流电路中则用银、铜等较高熔点的金属作成薄片，便于灭弧。熔断器在使用时，熔体与被保护电路串联，当电路为正常电流时熔体温度较低，当电路发生断路故障时,熔体温度急剧上升,使其熔断,起到保护作用。熔断器的图形与文字符号如图 2-9 所示。

如图 2-10 所示是 RC 系列瓷插式熔断器,主要由熔丝、动触点、瓷盖、静触点、瓷体、空腔组成。

如图 2-11 所示是 RL 系列螺旋式熔断器,主要有瓷帽、熔断管、瓷套、上接线座、下接线座、瓷座。RL 系列熔断管其中一金属盖中央凹处有一个不同颜色的熔断指示标记,当熔丝熔断时,指示标记自动脱落,显示熔丝已熔断,透过瓷帽上的玻璃窗口可以清楚看见,此时只要更换同规格的熔断管即可。使用时将熔断管有色点指示器的一端插入瓷帽中,再将瓷帽连同熔断管一起旋入瓷座内,使熔丝通过瓷管上端金属盖与上接线座连通,瓷管下端金属盖与下接线座连通,在装接使用时,电源线应接入下接线座,负载线应接入上接线座,这样在更换熔断管时,金属螺纹壳的上接线座便不会带电,保证维修者安全。

图 2-9 熔断器的图形与文字符号

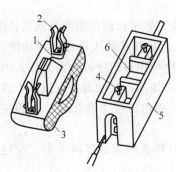

1—熔丝;2—动触头;3—瓷盖;
4—静触头;5—瓷体;6—空腔

图 2-10 RC 系列瓷插式熔断器结构

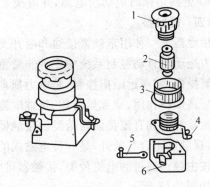

1—瓷帽;2—熔断管;3—瓷套;
4—上接线座;5—下接线座;6—瓷座

图 2-11 RL 系列螺旋式熔断器结构

2. 熔断器技术参数

型号、熔管额定电压(V)、熔管额定电流(A)、熔体额定电流等级(A)。

熔断器的型号与含义如图 2-12 所示。

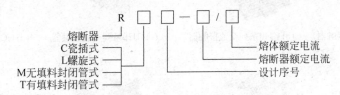

图 2-12 熔断器的型号与含义

3. 熔断器的选择与使用

(1) 熔断器的选择

选择熔断器时,主要是正确选择熔断器的类型和熔体的额定电流。应根据使用场合选择熔断器的类型。电网配电一般用管式熔断器,电动机保护一般用螺旋式熔断器,照明电路一般用瓷插式熔断器,保护可控硅元件则应选择快速熔断器。

(2) 熔体额定电流的选择

① 对于变压器、电炉和照明等负载,熔体的额定电流应略大于或等于负载电流。

② 对于输配电电路,熔体的额定电流应略大于或等于电路的安全电流。

③ 对电动机负载,熔体的额定电流应等于电动机额定电流的 1.5~2.5 倍。

(3) 熔断器的使用

① 对不同性质的负载,如照明电路、电动机电路的主电路和控制电路等,应分别保护,并装设单独的熔断器。

② 安装螺旋式熔断器时,必须注意将电源线接到瓷底座的下接线端(遵循低进高出的原则),以保证安全。

③ 瓷插式熔断器安装熔丝时,熔丝应顺着螺钉旋紧方向绕过去,同时应注意不要划伤熔丝,也不要把熔丝绷紧,以免减小熔丝截面尺寸或插断熔丝。

④ 更换熔体时应切断电源,并应换上相同额定电流的熔体。

(四) 接触器

接触器是一种用来频繁接通和断开交、直流主电路及大容量控制电路的自动切换电器,是电力拖动与自动控制系统中一种非常重要的低压电器。它具有低压释放保护功能,可进行频繁操作,实现远距离控制,是电力拖动自动控制电路中使用最广泛的电器元件。因它不具备短路保护作用,常和熔断器、热继电器等保护电器配合使用。接触器按电流种类通常分为交流接触器和直流接触器两类。接触器是控制电器,利用电磁吸力和弹簧反力的配合作用,实现触点闭合与断开,是一种电磁式的自动切换电器。

按主触点通过的电流种类,接触器可分为交流接触器和直流接触器两大类。常见的接触器如图 2-13 所示。

(a) CJX5系列交流接触器

(b) CJ40系列交流接触器

(c) CJ20系列交流接触器

(d) NC8系列交流接触器

(e) CJX1系列交流接触器

(f) CDC17系列交流接触器

(g) CJX1-F9系列交流接触器

(h) CZ0系列直流接触器

图 2-13 常见接触器

(i) CKJ5系列交流真空接触器　　(j) NC2系列交流接触器　　(k) NC3系列交流接触器　　(l) CJ10系列交流接触器

图2-13　（续）

1. 接触器结构与工作原理

（1）接触器结构

交流接触器由以下四部分组成：

① 电磁系统。用来操作触点闭合与分断。它包括静铁芯、吸引线圈、动铁芯（衔铁）。铁芯用硅钢片叠成，以减少铁芯中的铁损，在铁芯端部极面上装有短路环，其作用是消除交流电磁铁在吸合时产生的震动和噪音。

② 触点系统。起着接通和分断电路的作用，包括主触点和辅助触点。通常主触点用于通断电流较大的主电路，辅助触点用于通断小电流的控制电路。

③ 灭弧装置。起着熄灭电弧的作用。

④ 其他部件。主要包括恢复弹簧、缓冲弹簧、触点压力弹簧、传动机构及外壳等。

如图2-14所示是CJ0-20交流接触器的外形及结构，如图2-15所示是交流接触器原理示意图，如图2-16所示是交流接触器的图形与文字符号。

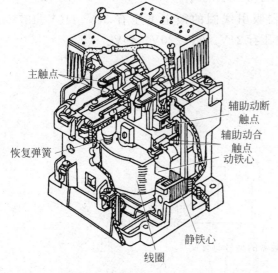 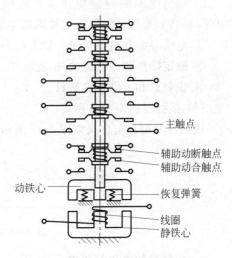

图2-14　交流接触器外形及结构　　　图2-15　交流接触器原理示意图

（2）接触器工作原理

交流接触器有两种工作状态：得电状态（动作状态）和失电状态（释放状态）。接触器主

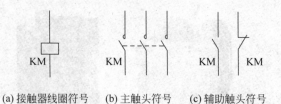

(a) 接触器线圈符号　　(b) 主触头符号　　(c) 辅助触头符号

图 2-16　交流接触器图形与文字符号

触点的动触点装在与衔铁相连的绝缘连杆上,其静触点则固定在壳体上。当线圈得电后,线圈产生磁场,使静铁芯产生电磁吸力,将衔铁吸合。衔铁带动动触点动作,使动断触点断开,动合触点闭合,分断或接通相关电路。当线圈失电时,电磁吸力消失,衔铁在反作用弹簧的作用下释放,各触点随之复位。

交流接触器有三对动合的主触点,它的额定电流较大,用来控制大电流的主电路的通断,还有两对动合辅助触点和两对动断辅助触点,它们的额定电流较小,一般为5A,用来接通或分断小电流的控制电路。

直流接触器的结构和工作原理基本上与交流接触器相同,不同的是电磁铁系统。触点系统中,直流接触器主触点常采用滚动接触的指形触点,通常为一对或两对。灭弧装置中,由于直流电弧比交流电弧难以熄灭,直流接触器常采用磁吹灭弧。

(3) 技术参数

① 额定电压。接触器铭牌上的额定电压是指主触点的额定电压。交流接触器的额定电压有 127V、220V、380V、500V;直流接触器的额定电压有 110V、220V、440V。

② 额定电流。接触器铭牌上的额定电流是指主触点的额定电流。接触器的额定电流有 5A、10A、20A、40A、60A、100A、150A、250A、400A、600A。

③ 吸引线圈的额定电压。交流接触器吸引线圈的额定电压有 36V、110V、127V、220V、380V;直流接触器吸引线圈的额定电压有 24V、48V、220V、440V。

④ 电气寿命和机械寿命。以万次表示。

⑤ 额定操作频率。以次/h 表示。

⑥ 主触点和辅助触点数目。

(4) 接触器的型号与含义

接触器的型号与含义如图 2-17 所示。

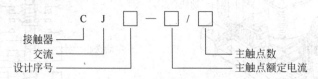

图 2-17　接触器的型号与含义

2. 接触器的选择与使用

(1) 接触器的选择

① 根据接触器所控制的负载性质来选择接触器的类型。

② 接触器的额定电压不得低于被控制电路的最高电压。

③ 接触器的额定电流应大于被控制电路的最大电流。对于电动机负载有下列经验公式：

$$I_C \geqslant \frac{P_N \times 10^3}{KU_N}$$

式中，I_C 为接触器的额定电流；P_N 为电动机的额定功率；U_N 为电动机的额定电压；K 为经验系数，一般取 1～1.4。

接触器应用在频繁启动、制动和正反转的场合时，一般其额定电流降一个等级来选用。

④ 电磁线圈的额定电压应与所接控制电路的电压相一致。

⑤ 接触器的触点数量和种类应满足主电路和控制电路的要求。

(2) 接触器的使用

① 接触器安装前应先检查线圈的额定电压是否与实际需要相符。

② 接触器的安装多为垂直安装，其倾斜角不得超过 5°，否则会影响接触器的动作特性；安装有散热孔的接触器时，应将散热孔放在上下位置，以降低线圈的温升。

③ 接触器安装与接线时应将螺钉拧紧，以防振动松脱。

④ 接触器的触点应定期清理，若触点表面有电弧灼伤时，应及时修复。

3. 接触器的常见故障及修理方法

接触器的常见故障及修理方法见表 2-3。

表 2-3 接触器的常见故障及修理方法

故障现象	产生原因	修理方法
接触器不吸合或吸不牢	1. 电源电压过低 2. 线圈断路 3. 线圈技术参数与使用条件不符 4. 铁芯机械卡阻	1. 调高电源电压 2. 调换线圈 3. 调换线圈 4. 排除卡阻物
线圈断电，接触器不释放或释放缓慢	1. 触点熔焊 2. 铁芯表面有油污 3. 触点弹簧压力过小或反作用弹簧损坏 4. 机械卡阻	1. 排除熔焊故障，修理或更换触点 2. 清理铁芯表面 3. 调整触点弹簧压力或更换反作用弹簧 4. 排除卡阻物
触点熔焊	1. 操作频率过高或过负载使用 2. 负载侧短路 3. 触点弹簧压力过小 4. 触点表面有电弧灼伤 5. 机械卡阻	1. 调换合适的接触器或减小负载 2. 排除短路故障更换触点 3. 调整触点弹簧压力 4. 清理触点表面 5. 排除卡阻物
铁芯噪声过大	1. 电源电压过低 2. 短路环断裂 3. 铁芯机械卡阻 4. 铁芯表面有油垢或磨损不平 5. 触点弹簧压力过大	1. 检查电路并提高电源电压 2. 调换铁芯或短路环 3. 排除卡阻物 4. 用汽油清洗表面或更换铁芯 5. 调整触点弹簧压力
线圈过热或烧毁	1. 线圈匝间短路 2. 操作频率过高 3. 线圈参数与实际使用条件不符 4. 铁芯机械卡阻	1. 更换线圈并找出故障原因 2. 调换合适的接触器 3. 调换线圈或接触器 4. 排除卡阻物

二、技能训练

（一）训练目的
① 认识常用低压电器的名称，能够认识低压电器的型号、作用。
② 熟悉按钮的结构、动作原理，掌握按钮的拆装，并能对常见故障进行检修。
③ 熟悉熔断器的结构、工作原理，掌握熔断器的拆装，并能对常见故障进行检修。
④ 熟悉接触器的结构、工作原理，掌握接触器的拆装，并能对常见故障进行检修。
⑤ 能够正确选用按钮、熔断器、接触器。

（二）训练器材
按钮、接触器、熔断器、常用电工工具。

（三）训练内容与步骤

1. 训练内容一

查阅相关资料认识低压电器型号意义。
① 认识 BDZ5—20/3。
② 认识 CF A 19—11B/D。
③ 认识 LA10—3H。
④ 认识 LX—121。
⑤ 认识 RC1A—15。
⑥ 认识 CJ0—20。
⑦ 认识 JZ7—44。
⑧ 认识 JR16—40/30。
⑨ 认识 JS7—2A。
⑩ 认识 JFZ0—1。

2. 训练内容二

观察按钮的结构，了解按钮基本参数。掌握按钮用途及使用范围、产品型号及含义、外形与安装尺寸、技术参数与性能、工作条件及安装要求。例如：浙江正泰电器 NP8 系列按钮如图 2-18 所示。

图 2-18 MP8 系列按钮实物图

（1）用途及使用范围

NP8 系列按钮适用于交流 50Hz(60Hz)、额定工作电压 380V 及以下或直流工作电压 250V 及以下的工业控制电路中，作为电磁启动器、接触器、继电器及其他电气电路的控制器件之用，带有指示灯式按钮还适用灯光信号指示的场合。产品符合 Q/ZT 411—2004、GB14048.5—2001、IEC60947—5—1 标准。

（2）技术参数与性能

① 与使用类别相关的电器额定值见表 2-4。

表2-4 与使用类别相关的电器额定值

A600	AC—15	额定工作电压/V	380	240	120
		额定工作电流/A	1.9	3	6
Q300	DC—13	额定工作电压/V	250	125	—
		额定工作电流/A	0.27	0.55	—

② 带灯式按钮灯的基本参数见表2-5。

表2-5 带灯式按钮灯的基本参数

基本参数	LED 灯
额定工作电流(I_e)	≤20mA
额定工作电压(U_e)	AC/DC 6V 12V 24V 36V 110V 220V

③ 头部防护等级为IP54。
④ 机械寿命：平头式、蘑菇头式、带灯式300万次，其余10万次。
⑤ 电寿命：平头式、蘑菇头式、带灯式AC100万次/DC25万次，其余10万次。

(3) 工作条件及安装
① 周围空气温度为－5～＋40℃，24h平均值不超过＋35℃。
② 安装地点的海拔高度不超过2000m。
③ 最高温度为＋40℃时，空气的相对湿度不超过50%；在较低温度下可以有较高的相对湿度，例如＋20℃时达到90%，对由于温度变化偶尔产生的凝露应采取特殊的措施。
④ 按钮应安装在无显著摇动、冲击震动和没有雨雪侵袭的地方。
⑤ 按钮应安装在无爆炸危险的介质中，且介质中无足以腐蚀金属和破坏绝缘的气体和较多尘埃。
⑥ 污染等级：3级。
⑦ 安装类别：Ⅱ类。

3. 训练内容三
用万用表检测动合触点、动断触点电阻。

4. 训练内容四
观察熔断器的结构，了解熔断器基本参数。

掌握熔断器用途及使用范围、产品型号及含义、外形与安装尺寸、技术参数与性能、工作条件及安装要求。例如：RL1系列螺旋式熔断器如图2-19所示。

(1) 用途及使用范围
RL1系列螺旋式熔断器，适用于交流50Hz、额定电压至400V、额定电流至200A的电路中，作电气设备短路和过载保护之用。

图2-19 RL1系列螺旋式熔断器实物图

（2）技术参数与性能

RL1 系列螺旋式熔断器的技术参数与性能见表 2-6。

表 2-6 RL1 系列螺旋式熔断器的技术参数与性能

型号	额定电压/V	额定电流/A		额定分断能力		额定功率/W	
		支持件	熔断体	h kA	$\cos\Phi$	支持件额定接受功率	熔断体额定耗散功率
RL1—15	400	15	2、4、5、6、10、15	25	0.1～0.2	≥2.5	≤2.5
RL1—60		60	20、25、30、35、40、50、60			≥5.5	≤5.5
RL1—100		100	60、80、100	50		≥7	≤7
RL1—200		200	120、150、200			≥20	≤20

注：若所需熔断器额定电流不在表中规定的范围内，应与制造厂协商。

（3）工作条件及安装

① 正常工作条件。

- 周围空气温度不超过 40℃，24h 测得的平均值不超过 35℃，一年内测得的平均值低于该值。周围空气温度最低值为 −5℃。
- 安装地点的海拔不超过 2000m。
- 空气是干净的，它的相对湿度在最高温度为 40℃ 时不超过 50％。
- 在较低温度下可以有较高的相对湿度。

注：若熔断器在不同于上述前三条所述的规定条件下使用，尤其是在无防护的户外条件使用应与制造厂协商，若熔断器用在有盐雾或不正常的工业沉积物的场所，亦应与制造厂协商。

- 系统电压的最大值不超过熔断器额定电压的 110％。

应注意到：在大大低于额定电压情况下熔断指示器可能不动作。

② 正常安装条件。

- 安装类别 熔断器的安装类别为三级。
- 污染等级 熔断器抗污染程度不低于 3 级。
- 安装方位 熔断器可以垂直、水平或倾斜安装在无显著摇动和冲击震动的工作场合。

注：若熔断器在不同于正常安装规定条件下使用，应与制造厂协商。

- 分断范围与使用类别 本熔断体为一般用途全范围分断能力的熔断体，即"9G"熔断体。

5. 训练内容五

用万用表检测熔体电阻、熔体熔断电阻。

6. 训练内容六

观察接触器的结构，了解接触器基本参数。

接触器主要由电磁系统、触点系统、灭弧装置三部分组成。灭弧罩内有三格罩在主触点的上方，称相间隔弧板。所有触点采用的都是桥式结构，三对主触点，两边的是辅助触点，各有一对，上面的是动断，下面的是动合。电磁系统由铁芯、衔铁和线圈组成。

掌握接触器用途及使用范围、产品型号及含义、外形与安装尺寸、工作条件及安装要求。

例如：CJ20系列交流接触器。

(1) 用途及使用范围

CJ20系列交流接触器，主要用于交流50Hz（或60Hz）、额定工作电压至660V、额定工作电流至630A的电路中，供远距离接通和分断电路之用，并可与适当的热过载继电器组合，以保护可能发生操作过负荷的电路。

(2) 技术参数与性能

① 线圈额定控制电源电压 U_s：交流50Hz，接触器线圈额定控制电源电压有110V、127V、220V、380V；直流接触器线圈额定控制电源电压有110V、220V。

② 机械寿命：CJ20—10、CJ20—16、CJ20—25、CJ20—40、CJ20—63、CJ20—100、CJ20—160为1000万次，CJ20—250、CJ20—400、CJ20—630为600万次。

③ 节电产品节电率（见表2-7）。

表2-7 CJ20系列交流接触器节电产品的节电率

产品型号	CJ20—63—160J	CJ20—63—160JZ	CJ20—250—630J	CJ20—250—630JZ
节电率/%	85	90	95	95

④ 触器的主要参数及技术性能指标（见表2-8）。

(3) 工作条件及安装

① 周围空气温度为：−5～+40℃，24h内其平均值不超过+35℃。

② 海拔高度：不超过2000m。

③ 大气条件：在+40℃时空气相对湿度不超过50%；在较低温度下可以有较高的相对湿度，最潮湿的月平均最低温度不超过+25℃，该月的月平均最大相对湿度不超过90%，并考虑因温度变化发生在产品上的凝露。

④ 污染等级：3级。

⑤ 安装类别：Ⅲ类。

⑥ 安装条件：安装面与垂直倾斜度不大于±5°。

⑦ 冲击震动：产品应安装和使用在无显著摇动、冲击和震动的地方。

7. 训练内容七

以CJ0—20交流接触器为例，介绍接触器的拆装与检修。

(1) 接触器检修

① 检查灭弧罩有无破裂或烧损，清除灭弧罩内的金属飞溅物和颗粒。

② 检查触点的磨损程度，磨损严重时应更换触点。

③ 清除铁芯端面的油垢，检查铁芯有无变形及端面接触是否平整。

④ 检查触点压力弹簧及反作用弹簧是否变形或弹力不足。如有需要则更换弹簧。

⑤ 检查电磁线圈是否短路、断路及发热变色现象。

(2) 拆卸

① 卸下灭弧罩紧固螺钉，取下灭弧罩。

② 拉紧主触点定位弹簧，将主触点侧转45°后取下，取下主触点压力弹簧。

表 2-8 CJ20 系列交流接触器的主要参数及技术性能指标

接触器型号	额定绝缘电压 U_i/V	约定发热电流 I_{th}/A	AC-3 使用类别下可控制的三相鼠笼型电动机的最大功率/kW			每小时操作循环数次/h(AC-3)	AC-3 电寿命/万次	线圈功率启动/保持 VA/VA	选用的熔断器(SCPD)型号
			220V	380V	660V				
CJ20—10		10	2.2	4	4			65/8.3	RT16—20
CJ20—16		16	4.5	7.5	11		100	62/8.5	RT16—32
CJ20—25		32	5.5	11	13	1200		93/14	RT16—50
CJ20—40	690	55	11	22	22			175/19	RT16—80
CJ20—63		80	18	30	35			480/57	RT16—160
CJ20—100		125	28	50	50		120	570/61	RT16—250
CJ20—160		200	48	85	85			855/85.5	RT16—315
CJ20—250		315	80	132	—	600		1710/152	RT16—400
CJ20—250/06		315	—	—	190		60	1710/152	RT16—400
CJ20—400	690	400	115	200	220			1710/152	RT16—500
CJ20—630		630	175	300	—			3578/250	RT16—630
CJ20—630/06		630	—	—	350			3578/250	RT16—630

③ 松开接触器底座的盖板螺钉,取下盖板。在松盖板螺钉时,要用手按住螺钉并慢慢放松。

④ 取下静铁芯缓冲绝缘纸片及静铁芯。

⑤ 取下静铁芯支架及弹簧。

⑥ 拔出线圈接线端的弹簧夹片,取下线圈。

⑦ 取下反作用弹簧。

⑧ 取下衔铁和支架。

⑨ 从支架上取下动铁芯定位销。

⑩ 取下动铁芯和绝缘纸片。

(3) 装配

按拆卸的逆顺序进行装配。

(4) 接触器的测试

① 连接测试电路,选择电流表、电压表量程并调零,将调压变压器输出置于零位。

② 吸合电压测试。均匀调节调压器,使电压上升到接触器铁芯吸合为止,此时电压表的指示值即为接触器的动作电压值(小于或等于吸引线圈额定电压的 85%)。

③ 校验动作的可靠性。保持吸合电压值,做两次冲击合闸试验,进行校验。

④ 释放电压测试。均匀地降低调压变压器的输出电压直至衔铁分离,此时电压表的指示值即为接触器的释放电压(应大于吸引线圈额定电压的 50%)。

⑤ 主触点接触测试。将调压变压器的输出电压调至接触器线圈的额定电压,观察衔铁有无振动和噪声,从指示灯的明暗可判断主触点的接触情况。

任务二　长动控制电路的安装与检测

本任务主要学习电气图的相关知识,通过学习了解电气图表示方法,掌握绘制电气图的规则,掌握识读电气图的基本方法;学习分析电动机的长动控制电路的工作过程以及电动机长动控制电路的安装与检测。通过学习,了解电力拖动控制电路安装的工艺要求,掌握硬线安装方法,同时,你还将了解和认识控制电路的一般检测调试方法。

一、相关知识

(一) 识读电气原理图

电气图是以各种图形、符号和图线等形式来表示电气系统中各电气设备、装置、元器件的相互连接关系。电气图是联系电气设计、生产、维修人员的工程语言,能正确、熟练地识读电气图是从业人员必备的基本技能。

为了表达电气控制系统的设计意图,便于分析系统工作原理、安装、调试和检修控制系统,必须采用统一的图形符号和文字符号来表达。我国参照国际电工委员会(IEC)标准先后颁布了一系列有关文件,如:GB4728—1985《电气图常用图形符号》、GB5226—1985《机床电气设备通用技术条件》、GB7159—1987《电气技术中的文字符号制定通则》和GB6988—1987《电气制图》等。

1. 电气控制图的分类

由于电气控制图描述的对象复杂,应用领域广泛,表达形式多种多样,因此表示一项电气工程或一种电器装置的电气图有多种,它们以不同的表达方式反映工程问题的不同侧面,但又有一定的对应关系,有时需要对照起来阅读。按用途和表达方式的不同,电气图可以分为以下几种。

(1) 电气系统图和框图

电气系统图和框图是用符号或带注释的框,概略表示系统的组成、各组成部分相互关系及其主要特征的图样,它比较集中地反映了所描述工程对象的规模。如图2-20所示为电力拖动系统组成。

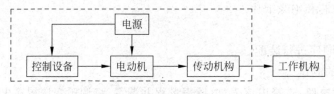

图2-20 电力拖动系统组成

(2) 电气原理图

电气原理图是为了便于阅读与分析控制电路,根据简单、清晰的原则,采用电器元件展开的形式绘制而成的图样。它包括所有电器元件的导电部件和接线端点,但并不按照电器元件的实际布置位置来绘制,也不反映电器元件的大小。其作用是便于详细了解工作原理,指导系统或设备的安装、调试与维修。电气原理图是电气控制图中最重要的种类之一,也是识图的难点和重点。如图2-21所示是CA6140车床电气原理图。

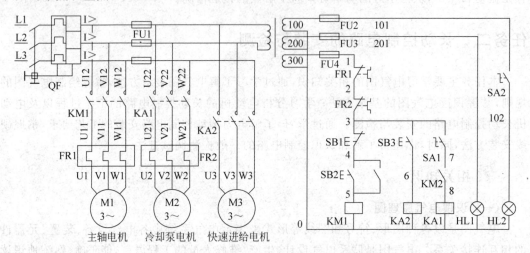

图2-21 CA6140车床电气原理图

(3) 电器布置图

电器布置图主要是用来表明电气设备上所有电器元件的实际位置,为生产机械电气控制设备的制造、安装提供必要的资料。通常电器布置图与电器安装接线图组合在一起,既起到电器安装接线图的作用,又能清晰表示出电器的布置情况。如图2-22所示为某机床电器布置图。

(4) 电器安装接线图

电器安装接线图是为了安装电气设备和电器元件进行配线或检修电器故障服务的。它

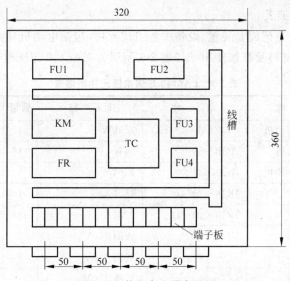

图 2-22 某机床电器布置图

是用规定的图形符号,按各电器元件相对位置绘制的实际接线图,它清楚地表示了各电器元件的相对位置和它们之间的电路连接,所以安装接线图不仅要把同一电器的各个部件画在一起,而且各个部件的布置要尽可能符合这个电器的实际情况,但对比例和尺寸没有严格要求。不但要画出控制柜内部之间的电器连接,还要画出电器柜外电器的连接。电器安装接线图中的回路标号是电器设备之间、电器元件之间、导线与导线之间的连接标记,它的文字符号和数字符号应与原理图中的标号一致。如图 2-23 所示为某设备电器接线图。

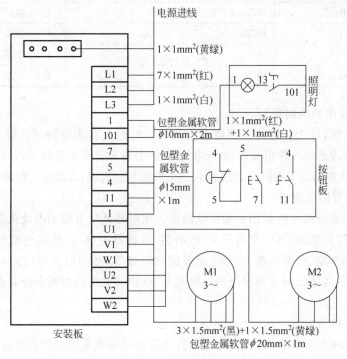

图 2-23 某设备电气接线图

(5) 电器元件明细表

电器元件明细表是把成套装置、设备中各组成元件(包括电动机)的名称、型号、规格、数量列成表格,供准备材料及维修使用。如表 2-9 所列为 CA6140 车床电器元件明细表。

表 2-9 CA6140 车床电器元件明细表

符号	名 称	型 号	规 格	数量	用 途
M1	三相异步电动机	(Y132M—4—B3)	7.5kW	1	拖动主轴
M2	冷却泵电动机	AOB—25	90W	1	驱动冷却液泵
M3	三相异步电动机	AOB5634	250W	1	驱动刀架快速移动
FR1	热继电器	JR16—20/3D	15.1A	1	M1 的过载保护
FR2	热继电器	JR16—20/3D	0.32A	1	M2 的过载保护
KM1	交流接触器	CJ0—20B	线圈 110V	1	控制 M1
KA1	中间继电器	JZ7—44	线圈 110V	1	控制 M2
KA2	中间继电器	JZ7—44	线圈 110V	1	控制 M3
FU1	螺旋式熔断器	RL1—15	熔芯 6A	3	M2、M3 短路保护
FU2	螺旋式熔断器	RL1—15	熔芯 2A	1	控制电路短路保护
FU3	螺旋式熔断器	RL1—15	熔芯 2A	1	指示灯短路保护
FU4	螺旋式熔断器	RL1—15	熔芯 4A	1	照明灯短路保护
SB1	按钮	LA19—11	红色	1	停止 M1
SB2	按钮	LA19—11	绿色	1	启动 M1
SB3	按钮	LA9		1	启动 M3
QS1	组合开关	HZ2—25/3	25A	1	机床电源引入
QS2	组合开关	HZ2—10/1	10A	1	控制 M2
SA	钮子开关			1	照明灯开关
TC	控制变压器	BK—150	380/110、24、6、3	1	控制、照明、指示

2. 电气原理图的绘制规则

系统图和框图,对于从整体上理解系统或装置的组成和主要特征无疑是十分重要的。然而要达到详细理解电气作用原理,进行电气接线,分析和计算电路特征,还必须有另外一种图,这就是电气原理图。下面以图 2-24 所示的电气原理图为例,介绍电气原理图的绘制规划。

(1) 电气原理图的组成

电气原理图可分为主电路图和辅助电路图。主电路是从电源到电动机或电路末端的电路,是强电流通过的电路,其中有刀开关、熔断器、接触器主触点、热继电器和电动机等。辅助电路包括控制电路、照明电路、信号电路及保护电路等,是小电流通过的电路。绘制电路图时,主电路用粗线条绘制在原理图的左侧或上方,辅助电路用细线条绘制在原理图的右侧或下方。

(2) 电气原理图的绘制标准

电气原理图中电器元件图形符号、文字符号及标号必须采用最新国家标准。

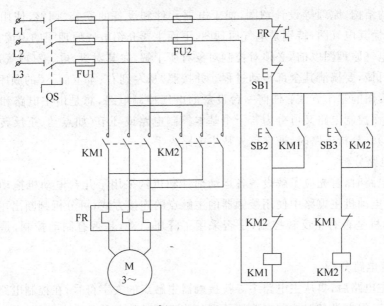

图 2-24　三相笼型异步电动机正反转运行电气原理

(3) 电源线的画法

原理图中直流电源用水平线画出,正极在上,负极在下;三相交流电源线水平画在上方,相序从上到下依 L1、L2、L3、中性线(N 线)和保护地线(PE 线)的顺序画出。主电路的电源线要垂直画出,控制电路和信号电路垂直在两条水平电源线之间。

(4) 元器件的画法

元器件均不画元件外形,只画出带电部件,且同一电器上的带电部件可不画在一起,而是按电路中的连接关系画出,但必须用国家标准规定的图形符号画出,且要用同一文字符号标明。

(5) 电气原理图中触点的画法

原理图中各元件触点状态均按没有外力或未得电时触点的原始状态画出。当触点的图形符号垂直放置时,以"左开右闭"原则绘制;当触点的图形符号水平放置时,以"上闭下开"的原则绘制。

(6) 原理图的布局

同一功能的元件要集中在一起且按动作先后顺序排列。

(7) 连接点、交叉点的绘制

对需要拆卸的外部引线端子,用"空心圆"表示;交叉连接的交叉点用小黑点表示。

(8) 原理图中数据和型号的标注

原理图中数据和型号用小写字体标注在符号附近,导线用截面标注,必要时可标出导线的颜色。

(9) 绘制要求

布局合理、层次分明、排列均匀、便于读图。

3. 识读电气图的基本方法

电气控制系统图是由许多电器元件按一定要求连接而成的,可表达机床及生产机械电气控制系统的结构、原理等设计意图,便于电器元件和设备的安装、调整、使用和维修。因此,必须能看懂其电气图,特别是电气原理图,下面主要介绍电气原理图的识读方法。

在识读电气原理图以前,必须对控制对象有所了解,尤其对机、电、液(或气)配合得比较密切的生产机械,要搞清其全部传动过程。并按照"从左到右、至上而下"的顺序进行分析。

电气图读图的基本方法:任何一台设备的电气控制电路,总是由主电路和控制电路两大部分组成,而控制电路又可分为若干个基本控制电路或环节(如点动、正反转、降压启动、制动、调速等)。分析电路时,通常首先从主电路入手。

(1) 主电路分析

分析主电路时,首先应了解设备各运动部件和机构采用了几台电动机拖动。然后按照顺序,从每台电动机主电路中使用接触器的主触点的连接方式,可分析判断出主电路的工作方式,如电动机是否有正反转控制,是否采用了降压启动,是否有制动控制,是否有调速控制等。

(2) 控制电路分析

分析完主电路后,再从主电路中寻找接触器主触点的文字符号,在控制电路中找到相对应的控制环节,根据设备对控制电路的要求和前面所学的各种基本电路的知识,按照顺序逐步地深入了解各个具体的电路由哪些电器组成,它们相互间的联系及动作的过程等。如果控制电路比较复杂,可将其分成几个部分来分析,化整为零。

(3) 辅助电路分析

辅助电路主要包括电源显示、工作状态显示、照明和故障报警等部分。它们大多由控制电路中的元件控制,所以在分析时,要对照控制电路进行分析。

(4) 联锁和保护环节分析

任何机械生产设备对安全性和可靠性都作出了很高的要求,因此控制电路中设置有一系列电气保护和必要的电气联锁。分析联锁和保护环节可结合机械设备生产过程的实际需求及主电路各电动机的互相配合过程进行。

(5) 总体检查

经过"化整为零"的局部分析,理解每一个电路的工作原理以及各部分之间的控制关系后,再采用"集零为整"的方法,检查各个控制电路,看是否有遗漏。特别要从整体角度去进一步检查和理解各控制环节之间的联系,以理解电路中每个电气元件的名称和作用。

(二) 识读接触器长动控制电路

三相异步电动机的单向运行控制电路是继电接触控制电路中最简单而又最常用的一种,这种电路主要用来实现异步电动机的单向启动、长动、点动等要求。一般生产机械要求电动机启动后能连续运行,即为长动。

1. 开关手动控制

对于长动的实现可以采用开关电器直接控制,一般用于较简单的控制设备,如图2-25所示。

工作原理:合上开关,电动机得电接得电源启动运行,断开开关,电动机失电停止运行。

这样的控制方式较为简单,使用电器较少,但是在启动、停止频繁的场合既不方便,还不能进行自动控制,没有失压保护。目前,广泛采用按钮、接触器等电器控制电动机的运转。

项目二　三相异步电动机长动控制电路的安装与检测

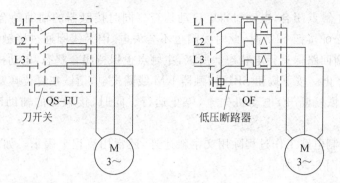

图 2-25　电动机直接手动控制

2. 接触器长动控制

采用接触器长动控制，其主要器件是接触器，接触器不仅完成主电路的控制接通，同时还要通过接触器辅助动合触点保持接触器线圈的得电状态，才能使电动机保持连续运行。接触器长动控制电路如图 2-26 所示。

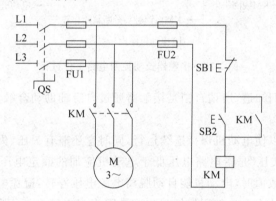

图 2-26　接触器长动控制电路

如图 2-27 所示为接触器长动控制示意图，其工作过程如下。

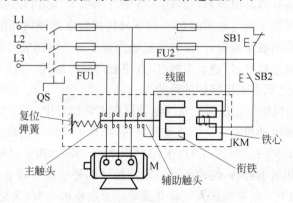

图 2-27　接触器长动控制示意图

① 合上开关 QS，为电路准备电源。
② 电动机启动。按下启动按钮 SB2，接触器 KM 的线圈得电，铁芯产生电磁吸力，吸合

衔铁,使接触器主触点闭合,电动机得电启动运行。同时接触器的辅助动合触点闭合,使线圈保持得电,当松开按钮 SB2 时,此时线圈也不会失电,因为线圈通过接触器的辅助动合触点的闭合,使线圈回路保持得电状态。所以,主触点也保持闭合状态,电动机连续运行。

③ 电动机停止。按下按钮 SB1,接触器 KM 线圈失电,衔铁在复位弹簧作用下复位,使接触器的主触点恢复断开,电动机失电,停止运行。同时,接触器的辅助动合触点也恢复断开。

电力拖动控制电路工作过程除用文字叙述外,还常用流程来表示。如接触器长动控制工作过程可用如图 2-28 所示表示。

合上开关 QS,

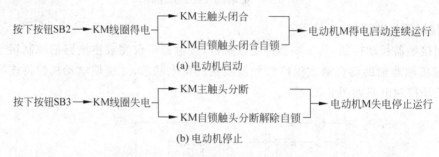

图 2-28 接触器长动控制电路工作过程

通过以上分析我们知道,所谓自锁是接触器通过自身辅助动合触点闭合,保持自身线圈得电的工作方式。

自锁控制不仅可以使电动机保持连续运行,同时它还兼有欠压、失压保护作用。

① 欠压保护。"欠压"是指电路电压低于电动机应加的额定电压。"欠压保护"是指当电路电压下降到某一数值时,电动机能自动脱离电源电压停转,避免电动机在欠压下运行的一种保护。电动机为什么要有欠压保护呢?这是因为当电路电压下降时,电动机的转矩随之减小($T \propto U_2$),电动机还会引起"堵转"(电动机接得电源但不转动)的现象,以致损坏电动机,发生事故。采用接触器自锁控制电路就可避免电动机欠压运行。这是因为当电路电压下降到一定值(一般指低于额定电压的 85% 以下)时,接触器线圈两端的电压也同样下降到此值,从而使接触器线圈磁通减弱,产生的电磁吸力减小。当电磁吸力减小到小于反作用弹簧的拉力时,动铁芯被迫释放,带动着主触点,自锁触点同时断开,自动切断主电路和控制电路,电动机失电停转,达到了欠压保护的目的。

② 失压(或零压)保护。失压保护是指电动机在正常运行中,由于外界某种原因引起突然断电时,能自动切断电动机电源。当重新供电时,保证电动机不能自行启动。在实际生产中,失压保护是很有必要的。例如:当机床(如车床)在运转时,由于其他电气设备发生故障引起突然断电,电动机被迫停转,与此同时机床的运动部件也跟着停止了运动,切削刀具的刃口便卡在工件表面上。如果操作人员没有及时切断电动机电源,又忘记退刀,那么当故障排除恢复供电时,电动机和机床便会自行启动运转,可能导致工件报废或人身伤亡事故。采用接触器自锁控制电路,由于接触器自锁触点和主触点在电源断电时已经断开,使控制电路和主电路都不能接通。所以在电源恢复供电时,电动机就不能自行启动运转,保证了人身和

设备的安全。

二、技能训练

(一)训练目的

① 区分电力拖动电路图的类型、作用。
② 熟悉电气图的常用符号。
③ 了解电气图中符号之间的关系及绘图原则。
④ 熟悉接触器的结构。
⑤ 会绘制电气原理图、电器布置图、电器安装接线图。
⑥ 能够按照工艺要求用硬线安装电路。
⑦ 会用万用表检测电路,会通电调试电路。
⑧ 会绘制接触器长动控制电路电气原理图。
⑨ 会分析接触器长动控制电路的工作过程。

(二)训练器材

三相电源、安装板、接触器、按钮、熔断器、端子排、电动机、硬导线若干、编码管若干、常用电工工具。

(三)训练内容与步骤

1. 训练内容

① 识读如图 2-29 所示某机床电路图。
- 该电路由几部分组成?
- 列出元器件清单。

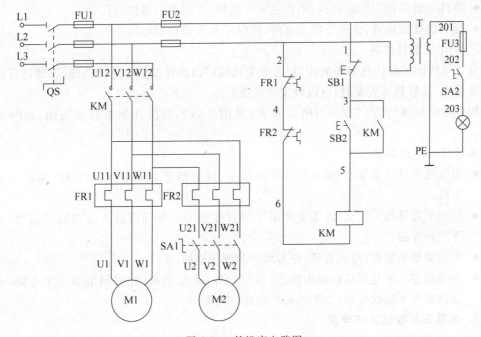

图 2-29 某机床电路图

② 根据如图 2-30 所示电动机长动控制电路进行相关电气图的绘制。

2. 训练步骤

① 根据电路原理选择器件，根据图 2-30 选择电路器件，有熔断器五个、接触器一个、按钮（用三挡按钮）一只、端子排一条，安装板一块。

② 画出电路电器布置图，如图 2-31 所示。

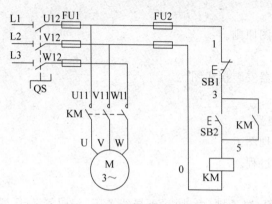
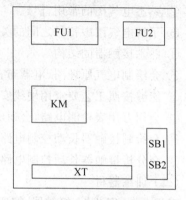

图 2-30　电动机长动控制电路　　　　图 2-31　电动机长动控制电路布置图

画电器布置图注意事项：
- 所有器件垂直放置。
- 器件之间有适当间距，考虑布线与散热。
- 器件按行排列，考虑线槽或走线方便。
- 一般熔断器、电源开关在上方，端子排在下方。
- 器件一般用框图形式表示，不代表实际结构，仅仅表示器件的位置。
- 器件的摆放位置，首先考虑主电路，同时还要兼顾控制电路。

③ 画出安装接线图。

安装接线图的画法有多种形式，初次安装接线可以画详细的电路接线图，以便进行正确地安装接线，能够熟练安装时，可以画安装接线简图。

根据电路原理（见图 2-30）与电器布置（见图 2-31），画出详细电路接线图，如图 2-32 所示。

画接线图注意事项：
- 布线通道尽可能少，同路并列的导线按主、控电路分类集中，单层密排，紧贴安装板布线。
- 同一平面导线不能交叉，非交叉不可时只能在另一导线因进入接点而抬高时，从其下空隙穿越。
- 布线要横平竖直，弯成直角，分布均匀和便于检修。
- 布线次序一般是以接触器为中心，由里向外，由低至高，先控制电路后主电路，主控制回路上下层次分明，以不妨碍后续布线为原则。

3. 电路安装接线工艺要求

① 电动机及按钮的金属外壳必须可靠接地。

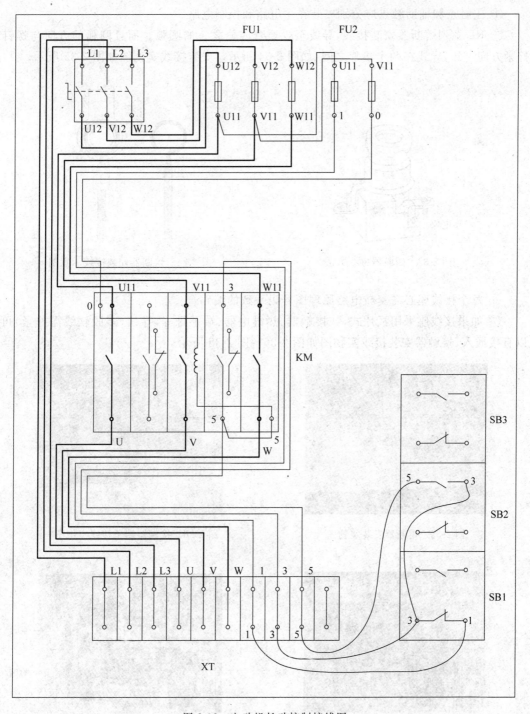

图 2-32 电动机长动控制接线图

② 螺旋式熔断器座螺壳端（上接线端）应接负载，另一端（下接线端）接电源，如图 2-33 所示。

③ 所有电器上的空余螺钉一律拧紧。

④ 主触点和辅助触点应分别安装在主电路和控制电路。

⑤ RL 系列熔断器安装接线，导线至少要弯四分之三的圆弧。而且圆弧的方向与螺钉拧紧方向一致，导线在两个垫片之间，如图 2-34 所示。安装接线实物图如图 2-35 所示。

图 2-33 熔断器接线方法

图 2-34 熔断器安装接线示意图

⑥ 每个接线座必需套与电路原理图号码一致的编码管。

⑦ 如果接线座采用瓦片式，如接触器、热继电器、端子排等，导线（多股软线需拧紧）可以直接插入，接触器安装接线实物图如图 2-36～图 2-38 所示。

图 2-35 熔断器安装实物图

图 2-36 接触器端子接线实物图一

图 2-37 接触器端子接线实物图二

图 2-38 接触器端子接线实物图三

⑧ 端子排的安装接线顺序，应该先主电路，后控制电路。端子排线实物图如图 2-39 和图 2-40 所示。

项目二 三相异步电动机长动控制电路的安装与检测

图 2-39 端子排接线实物图一

图 2-40 端子排接线实物图二

⑨ 按钮安装接线都是从端子排过来的，一般红色为停止按钮，绿色为启动按钮，所有线都要经按钮盒的孔穿入至接线端。

注意区分复合按钮的动合与动断触点，为区分动合与动断触点可以利用万用表检测，动合一组的电阻为无穷大，动断一组的电阻约为零。如图 2-41 所示为复合按钮动合与动断触头。

图 2-41 按钮动合与动断触头

⑩ 安装接线露铜不能过长，导线裸露不能超过芯线外径。但也不能压皮，露铜过长如图 2-42 所示。

⑪ 软线头绞紧后以顺时针方向围绕螺钉一周后，回绕一圈，端头压入螺钉。外露裸导线，不超过所使用导线的芯线外径。接线不规范示意如图 2-43 所示。

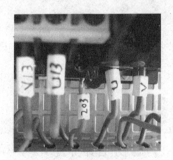

图 2-42 露铜过长

图 2-43 接线不规范

⑫ 每个电器元件上的每个接点不能超过两个线头。

⑬ 控制板与外部连接应注意：
- 控制板与外部按钮、行程开关、电源负载的连接通过端子排，应穿护线管，且连接线用多股软铜线。电源负载也可用橡胶电缆连接。
- 控制板或配电箱内的电器元件布局要合理，这样既便于接线和维修，又保证安全和规整好看。

长动控制电路安装接线参考图如图 2-44 所示。

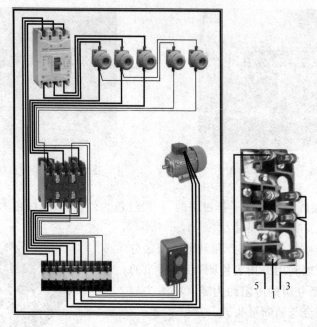

图 2-44　长动控制电路安装接线参考图

4. 控制电路得电测试

（1）电路检查

电路检查一般用万用表进行，先查主电路，再查控制电路，分别用万用表测量各电器与电路是否正常。

（2）控制电路操作试车

经上述检查无误后，检查三相电源，断开主电路的保险，按一下对应的启动、停止按钮，各接触器等应有相应的动作。

项目评价

完成任务一、任务二的学习与技能训练后，填写表 2-10 所列项目评价表。

表 2-10　项目二评价表

训练课题				姓名	
开始时间		结束时间		工位号	
序号	项目	配分	评分标准及要求		扣分
1	按钮、熔断器的识读，接触器的拆装与检测	10	不能最正确识读按钮、熔断器的型号，每个扣2分；不会用万用表检测按钮触点电阻以及熔体电阻，每个扣2分；不会拆、装接触器，或是拆装时损坏接触器，1次扣5分；不会用万用表检测装好后的接触器质量，扣5分		
2	机床电路的识读	5	不会正确识读机床电路，错一次扣1分		

项目二　三相异步电动机长动控制电路的安装与检测

续表

序号	项目	配分	评分标准及要求		扣分
3	长动线路安装元器件清点、选择	5	清点、选择元器件,填写电器元器件明细表,每填错一个元器件扣1分		
4	长动线路安装元器件测试	10	在开考20min内,对主要器材测试,如有损坏,应及时报告老师。在训练中作损坏元件处理,每损坏一个电器元件,扣5分		
5	绘制长动电路安装接线图	10	图纸整洁、画图正确。所画图形、符号每一处不规范,扣2分;少一处标号,扣2分		
6	长动线路安装布线	30	不同规格导线的使用	每错一根扣2分	
			接线工艺	导线不平直、损伤导线绝缘层、未贴板走线或导线交叉,每根扣2分	
			元件安装正确	缺螺钉,每一处扣2分	
			电气接触	接线错误(含未接线)、接触不良、接点松动,每处扣4分	
			线头旋向错误	每处扣2分	
			连接点处理	导线接头过长或过短,每处扣4分	
			接线端子排列	不规范、不正确,每处扣2分	
7	得电试车(试车前,用万用表检查电路)	20	不能启动	扣10分	
			无自锁	再扣10分	
			不试车或试车不成功后不再试车	共扣20分	
8	时间		考试时间180min。规定最多可超时30min	超时前15min内(含10min)扣5分;后15min内再扣15分。超时不得超过满30min。	
9	安全、文明规范	10	操作台不整洁	扣5分	
			工具、器件摆放凌乱	扣5分	
			发生一般事故:如带电操作(不包括得电试车),训练中有大声喧哗等影响他人的行为等	每次扣5分	
			发生重大事故:如短路、烧坏器件等	本次技能考试总成绩以0分计	
	备注		每一项最高扣分不应超过该项配分(除发生重大事故)	总成绩	
	突出成绩				
	主要问题				

· 57 ·

知识拓展　认识点动长动混合控制电路

所谓点动控制是指，按下按钮，电动机就得电运转；松开按钮，电动机就失电停转。这种控制方法常用于电动葫芦的起重机械和车床拖板箱快速移动的电机控制。如图 2-45 所示为电动机点动控制示意图，如图 2-46 所示为电动机点动控制电路图。

点动正转线路是用按钮、接触器来控制电动机运转的最简单的正转控制线路。

点动控制电路工作原理分析如下：

① 合上电源开关，按下 SB→KM 线圈得电→主触头闭合→电动机启动运行。

② 松开 SB→KM 线圈失电→主触头打开→电动机停转，断开电源开关。

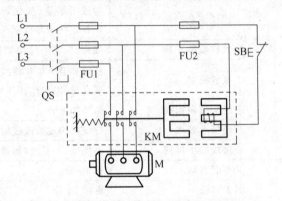

图 2-45　电动机点动控制示意图

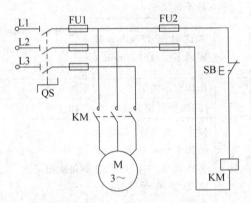

图 2-46　电动机点动控制电路

实际生产中，同一机械设备有时需要长时间运转，即电动机持续工作；有时需要手动控制间断工作，即点动运行，这就需要能方便地操作点动和长动的控制电路。

如图 2-47 所示为电路是既能实现点动又能实现长动控制的常用控制电路。如图 2-47(a) 所示为用点动复合按钮的动断触点断开或接通自锁回路，实现点动、长动控制。若需要点动控制时，按下点动按钮 SB3，其动断触点先断开，切断自锁回路，而动合触点后闭合，使 KM 吸引线圈得电，KM 的主触点闭合，电动机启动。此时 KM 的自锁触点虽然闭合，但是 SB3

动断触点处于断开状态,所以自锁触点无效。当松开 SB3 时,在其动合触点断开而动断触点尚未闭合的瞬间,KM 吸引线圈处于断电状态,自锁触点断开,故当 SB3 动断触点恢复闭合时,就不可能使 KM 的线圈得电,所以实现了点动控制。

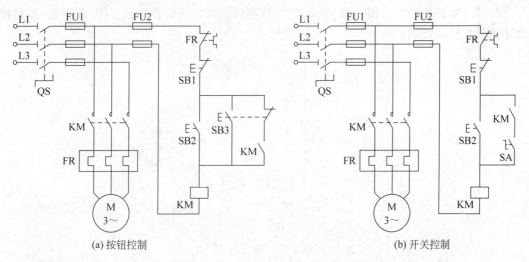

图 2-47 实现点动和长动的控制线路

若需要连续运行时,只要按连续运行的启动按钮 SB2 即可;当需要电动机停转时,则需按下停止按钮 SB1,由此实现长动控制。

如图 2-47(b)所示为采用组合开关 SA 断开或接通自锁回路,实现点动、长动控制。

当需要点动控制时,将开关 SA 断开,切断自锁回路,此时 SB2 具有点动按钮的功能,按下或松开 SB2 即可实现对电动机的点动控制。

当需要连续工作时,闭合开关 SA,接通自锁回路,按下 SB2 后,电动机启动,松开 SB2 电动机持续工作,只有按下 SB1,电动机才停止运行,即实现了电动机连续运行的长动控制。

思考与练习二

2.1 继电接触器控制方式的电路主要由哪些电器组成?
2.2 低压电器按用途分成哪几类?
2.3 低压电器一般由哪些部分组成?
2.4 能否用按钮开关控制主电路?
2.5 按下复合按钮时,动合触点与动断触点的动作顺序是怎样的?
2.6 熔断器有什么作用?RL 系列熔断器进出线应该怎样安装?
2.7 怎样选择熔体额定电流?
2.8 交流接触器主要由哪几部分组成?
2.9 交流接触器有哪些作用?
2.10 怎样选择和使用接触器?
2.11 交流接触器噪声过大,可能是什么原因?

2.12 电气控制图主要有哪几类?

2.13 开关控制电动机启动运行与接触器控制电动机启动运行有什么区别?

2.14 画出如图 2-46 所示电动机点动控制电路的安装布线图。

2.15 电路原理图如图 2-48 所示。(1)该电路能否实现长动控制?(2)若不能,如何修改才能满足长动控制?

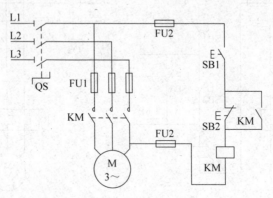

图 2-48 题 2.15 图

2.16 分析图 2-49 所示的控制电路能否实现自锁控制,若不能,则会出现什么现象?

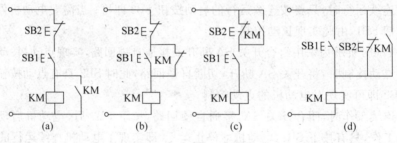

图 2-49 题 2.16 图

项目三 电动机正反转控制电路的安装与检测

知识目标：
① 能简述热继电器、低压断路器的作用、结构、工作原理、选择使用方法。
② 能画出热继电器、低压断路器的图形符号，写出其文字符号。
③ 能解释热继电器、低压断路器的型号与含义。
④ 能叙述改变电动机转向的方法。
⑤ 能分析各种正反转控制电路的工作过程。
⑥ 能说出电力拖动控制电路编号的一般原则，并会正确编号。

能力目标：
① 会拆装热继电器、低压断路器。
② 会检测出热继电器、低压断路器的一般故障，对常见故障进行检修。
③ 会画出电动机正反转控制电路的元件布置图、安装接线图。
④ 会根据工艺要求安装电动机正反转控制电路。
⑤ 会依据电路原理图用万用表检测电路。
⑥ 会通电调试，根据动作现象判断安装电路是否正确。

任务一 热继电器、低压断路器的拆装与检修

本任务主要介绍热继电器、低压断路器的结构、作用、工作原理、选择与使用方法。通过本任务的学习和实训，希望学习者会正确安装接线，会判别与处理热继电器、低压断路器的简单故障。

一、相关知识

（一）热继电器

热继电器是一种利用流过继电器的电流所产生的热效应而反时限动作的保护电器，它主要用作电动机的过载保护、断相保护、电流不平衡运行及其他电气设备发热状态的控制。

因电动机在实际运行中，常遇到过载情况，若过载不大、时间较短，绕组温升不超过允许范围，是允许的。但过载时间较长，绕组温升超过了允许值，将会加剧绕组老化，缩短电动机的使用寿命，严重时会烧毁电动机的绕组。因此，凡是长期运行的电动机必须设置过载保护。

热继电器有两相结构、三相结构、三相带断相保护装置等三种类型。图 3-1 所示为热继电器的外形图。

1. 热继电器结构与工作原理
（1）热继电器结构
热继电器主要由热元件、双金属片和触点三部分组成。热继电器的动断触点串联在被

保护的二次回路中,它的热元件由电阻值不高的电热丝或电阻片绕成,串联在电动机或其他用电设备的主电路中。靠近热元件的双金属片,是用两种不同膨胀系数的金属压焊而成,为热继电器的感测元件。如图3-2所示是热继电器的结构示意图,如图3-3所示是热继电器的图形与文字符号。

(a) JRS1系列热过载继电器

(b) JR20系列热过载继电器

(c) JR36系列热过载继电器

(d) NR3系列热过载继电器

(e) NR4(JRS2)系列热过载继电器

(f) NRE8电子式热过载继电器

图3-1　常见热继电器的外形图

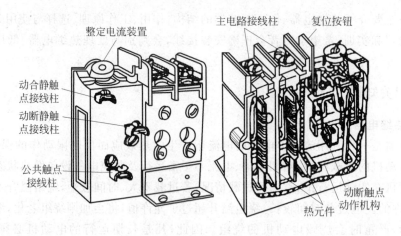

图3-2　热继电器的结构示意图

(2) 热继电器工作原理

如图3-4所示为热继电器工作原理图,热继电器中的双金属片2由两种膨胀系数不同的金属片压焊而成,缠绕着双金属片的是热元件1,它是一段电阻不大的电阻丝,串接在主电路中,热继电器的动断触点4通常串接在接触器线圈电路中。当电动机过载时,热元件中通过的电流加大,使双金属片逐渐发生弯曲,经过一定时间后,推动动作机构3,使动断触点断开,切断接触器线圈电路,使电动机主电路失电。故障排除后,按下复位按钮,使热继电器触点复位。

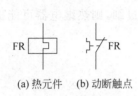

图 3-3　热继电器的图形与文字符号

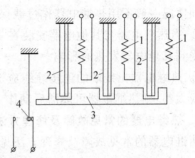

图 3-4　热继电器工作原理图

热继电器的工作电流可以在一定范围内调整,称为整定。整定电流值应是被保护电动机的额定电流值,其大小可以通过旋动整定电流旋钮来实现。由于热惯性,热继电器不会瞬间动作,因此它不能用作短路保护。但也正是这个热惯性,使电动机启动或短时过载时,热继电器不会误动作。热继电器用来对连续运行的电动机进行过载保护,以防止电动机过热而烧毁。

(3) 热继电器技术参数

热继电器技术参数的主要技术参数有:热元件等级、热元件额定电流(A)、整定电流调节范围(A)。

(4) 热继电器的型号与含义

热继电器的型号与含义如图 3-5 所示。

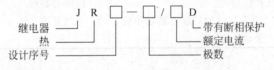

图 3-5　热继电器的型号与含义

2. 热继电器的选择与使用

(1) 热继电器的选择

选用热继电器作为电动机的过载保护时,应使电动机在短时过载和启动瞬间不受影响。

① 热继电器的类型选择:一般轻载启动、短时工作时,可选择二相结构的热继电器;当电源电压的均衡性和工作环境较差或多台电动机的功率差别较显著时,可选择三相结构的热继电器;对于三角形接法的电动机,应选用带断相保护装置的热继电器。

② 热继电器的额定电流及型号选择:热继电器的额定电流应大于电动机的额定电流。

③ 热元件的整定电流选择:一般将整定电流调整到等于电动机的额定电流;对过载能力差的电动机,可将热元件整定电流调整到电动机额定电流的 0.6~0.8;对启动时间较长,拖动冲击性负载或不允许停车的电动机,热元件的整定电流应调节到电动机额定电流的 1.1~1.15 倍。

(2) 热继电器的使用

① 当电动机启动时间过长或操作次数过于频繁时,会使热继电器误动作或烧坏电器,故这种情况一般不用热继电器作过载保护。

② 当热继电器与其他电器安装在一起时,应将它安装在其他电器的下方,以免其动作特性受到其他电器发热的影响。

③ 热继电器出线端的连接导线应选择合适。若导线过细,则热继电器可能提前动作;若导线太粗,则热继电器可能滞后动作。

3. 热继电器的常见故障及修理方法

热继电器的常见故障及修理方法见表 3-1。

表 3-1 热继电器的常见故障及修理方法

故障现象	产生原因	修理方法
热继电器误动作或动作太快	1. 整定电流偏小 2. 操作频率过高 3. 连接导线太细	1. 调大整定电流 2. 调换热继电器或限定操作频率 3. 选用标准导线
热继电器不动作	1. 整定电流偏大 2. 热元件烧断或脱焊 3. 导板脱出	1. 调小整定电流 2. 更换热元件或热继电器 3. 重新放置导板并试验动作灵活性
热元件烧断	1. 负载侧电流过大 2. 反复短时工作,操作频率过高	1. 排除故障调换热继电器 2. 限定操作频率或调换合适的热继电器
主电路不通	1. 热元件烧毁 2. 接线螺钉未压紧	1. 更换热元件或热继电器 2. 旋紧接线螺钉
控制电路不通	1. 热继电器动断触点接触不良或弹性消失 2. 手动复位的热继电器动作后,未手动复位	1. 检修动断触点 2. 手动复位

(二)低压断路器

低压断路器是开关电器,低压开关主要用于隔离、转换以及接通和分断电路。常作为机床电路的电源开关,或用于局部照明电路的控制及小容量电动机的启动、停止和正反转控制等。

常用的低压开关类电器包括刀开关、转换开关、组合开关和低压断路器等,如图 3-6 所示。

(a) HD11B系列刀开关　(b) LW2B万能转换开关　(c) HZ10系列组合开关　(d) DZ12-60式断路器

图 3-6 低压开关类电器

1. 低压断路器结构与工作原理

低压断路器又称自动开关或自动空气开关。它既是控制电器，同时又具有保护电器的功能。当电路中发生短路、过载等故障时，能自动切断电路。在正常情况下也可用于不频繁地接通和断开电路或控制电动机。低压断路器的功能相当于刀开关、熔断器、热继电器、过电流继电器的组合，是一种既有手动开关作用又能自动进行过载和短路保护的开关电器。常见的低压断路器如图 3-7 所示。

(a) DZ15系列漏电断路器

(b) DZL25系列漏电断路器

(c) NM8L系列漏电断路器

(d) DZ12LE-60漏电断路器

(e) DZ20L系列漏电断路器

(f) DZ5系列塑料外壳式断路器

(g) NM1LE系列漏电断路器

(h) NM6系列塑料外壳式断路器

图 3-7　常见的低压断路器

（1）低压断路器结构

低压断路器主要由主触点及灭弧装置、脱扣器、自由脱扣机构和操作机构等组成。如图 3-8 所示为低压断路器结构图，如图 3-9 所示为低压断路器图形与文字符号。

① 主触点及灭弧装置：主触点用来接通和分断主电路，并装有灭弧装置。

② 脱扣器：脱扣器是断路器的感受元件，当电路出现故障时，脱扣器感测到故障信号后，经自由脱扣机构，使断路器主触点分断。

③ 自由脱扣机构和操作机构：自由脱扣机构是用来联系操作机构与主触点的机构，当操作机构处于闭合位置时，也可操作分励脱扣器进行脱扣，将主触点分开。

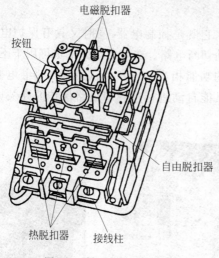

图 3-8 低压断路器结构图

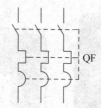

图 3-9 低压断路器图形与文字符号

(2) 低压断路器工作原理

如图 3-10 所示是低压断路器原理示意图,主触点通常由手动的操作机构来闭合,闭合后主触点 2 被搭扣 4 锁住。如果电路中发生故障,脱扣机构就在有关脱扣器的作用下将搭扣脱开,于是主触点 1 在释放弹簧 16 的作用下迅速分断。脱扣器有过流脱扣器 6、欠压脱扣器 11 和热脱扣器 13,它们都是电磁铁。在正常情况下,过流脱扣器的衔铁 8 是释放着的,一旦发生严重过载或短路故障时,与主电路相串的线圈将产生较强的电磁吸力吸引衔铁,而推动杠杆 7 顶开锁钩,使主触点断开。欠压脱扣器的工作恰恰相反,在电压正常时,吸住衔铁 10,才不影响主触点的闭合,一旦电压严重下降或断电时,电磁吸力不足或消失,衔铁被释放而推动杠杆,使主触点断开。当电路发生一般性过载时,过载电流虽不能使过流脱扣器动作,但能使热元件 13 产生一定的热量,促使双金属片 12 受热向上弯曲,推动杠杆使搭钩与锁钩脱开,将主触点分开。

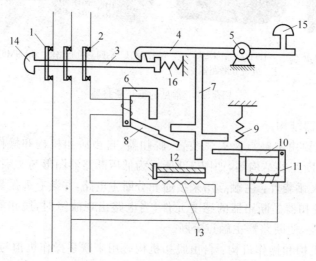

图 3-10 低压断路器原理示意图

另外,大部分低压断路器还具有漏电保护功能。具有这一保护功能的低压断路器又称为漏电保护器。

(3) 漏电保护器的结构及工作原理

漏电保护器在反应触电和漏电保护方面具有高灵敏性和动作快速性,是其他保护电器,如熔断器、自动开关等无法比拟的。自动开关和熔断器正常工作时要通过负荷电流,它们的动作保护值要超过正常负荷电流来整定,因此它们的主要作用是用来切断系统的相间短路故障(有的自动开关还具有过载保护功能)。而漏电保护器是利用系统的剩余电流反应和动作,正常运行时系统的剩余电流几乎为零,故它的动作整定值可以整定得很小(一般为mA级)。当系统发生人身触电或设备外壳带电时,出现较大的剩余电流,漏电保护器则通过检测和处理这个剩余电流后可靠地动作,切断电源。

那么漏电保护器是如何起到保护作用呢?

我们知道,电气设备漏电时,将呈现异常的电流或电压信号,漏电保护器通过检测、处理此异常电流或电压信号,促使执行机构动作。我们把根据故障电流动作的漏电保护器叫电流型漏电保护器,根据故障电压动作的漏电保护器叫电压型漏电保护器。由于电压型漏电保护器结构复杂,受外界干扰动作特性稳定性差,制造成本高,现已基本淘汰。目前,国内外漏电保护器的研究和应用均以电流型漏电保护器为主导地位。

电流型漏电保护器是以电路中零序电流的一部分(通常称为残余电流)作为动作信号,且多以电子元件作为中间机构,灵敏度高,功能齐全,因此这种保护装置得到越来越广泛的应用。电流型漏电保护器的构成分如下四部分。

① 检测元件:检测元件可以说是一个零序电流互感器。电流型漏电保护器原理图如图 3-11 所示。被保护的相线、中性线穿过环形铁芯,构成了互感器的一次线圈 N1,缠绕在环形铁芯上的绕组构成了互感器的二次线圈 N2,如果没有漏电发生,这时流过相线、中性线的电流向量和等于零,因此在 N2 上不能产生相应的感应电动势。如果发生了漏电,相线、中性线的电流向量和不等于零,就使线圈上产生感应电动势,这个信号就会被送到中间环节进行进一步的处理。

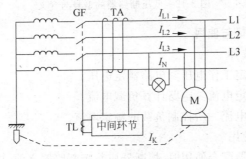

图 3-11 电流型漏电保护器原理图

② 中间环节:中间环节通常包括放大器、比较器、脱扣器,当中间环节为电子电路时,中间环节还要辅助电源来提供电子电路工作所需的电源。中间环节的作用就是对来自零序互感器的漏电信号进行放大和处理,并输出到执行机构。

③ 执行机构:该结构用于接收中间环节的指令信号,实施动作,自动切断故障处的

电源。

④ 试验装置：由于漏电保护器是一个保护装置，因此应定期检查其是否完好、可靠。试验装置就是通过试验按钮和限流电阻的串联，模拟漏电路径，以检查装置能否正常动作。

在被保护电路工作正常，没有发生漏电或触电的情况下，由克希荷夫定律可知，通过TA（电流互感器）一次侧的电流相量和等于零，这使得TA铁芯中的磁通相量和也为零。这样TA的二次侧不产生感应电动势，漏电保护器不动作，系统保持正常供电。

当被保护电路发生漏电或有人触电时，由于漏电电流的存在，通过TA一次侧各相电流的相量和不再等于零，产生了漏电电流I_k。这使得TA铁芯中的磁通的相量和也不为零，在铁芯中出现了交变磁通。在交变磁通作用下，TL二次侧线圈就有感应电动势产生，此漏电信号经中间环节进行处理和比较，当达到预定值时，使主开关分励脱扣器线圈TL得电，驱动主开关GF自动跳闸，切断故障电路，从而实现保护。

(4) 低压断路器技术参数

① 额定电压：指断路器在电路中长期工作的允许电压。

② 额定电流：指脱扣器允许长期通过的电流。

③ 断路器壳架等级额定电流：指每一种框架或塑壳中能安装的最大脱扣器的额定电流。

④ 断路器的通断能力：指在规定操作条件下，断路器能接通和分断短路电流的能力。

(5) 低压断路器的型号与含义

低压断路器的型号与含义如图3-12所示。

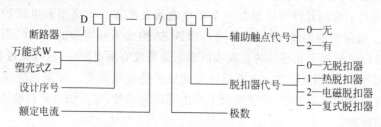

图 3-12 低压断路器的型号与含义

2. 低压断路器的选择与使用

(1) 低压断路器的选择

① 低压断路器的额定工作电压≥电路额定电压。

② 低压断路器的额定电流≥电路计算负载电流。

③ 热脱扣器的整定电流=所控制负载的额定电流。

(2) 低压断路器的使用

① 当断路器与熔断器配合使用时，熔断器应装于断路器之前，以保证使用安全。

② 电磁脱扣器的整定值不允许随意更动，使用一段时间后应检查其动作的准确性。

③ 断路器在分断短路电流后，应在切除前级电源的情况下及时检查触点。如有严重的电灼痕迹，可用干布擦去；若发现触点烧毛，可用砂纸或细锉小心修整。

3. 低压断路器的常见故障及修理方法

低压断路器的常见故障及修理方法见表3-2。

表 3-2 低压断路器的常见故障及修理方法

故障现象	产生原因	修理方法
手动操作断路器不能闭合	1. 电源电压太低 2. 热脱扣的双金属片尚未冷却复原 3. 欠电压脱扣器无电压或线圈损坏 4. 储能弹簧变形,导致闭合力减小 5. 反作用弹簧力过大	1. 检查电路并调高电源电压 2. 待双金属片冷却后再合闸 3. 检查电路,施加电压或调换线圈 4. 调换储能弹簧 5. 重新调整弹簧反力
电动操作断路器不能闭合	1. 电源电压不符 2. 电源容量不够 3. 电磁铁拉杆行程不够 4. 电动机操作定位开关变位	1. 调换电源 2. 增大操作电源容量 3. 调整或调换拉杆 4. 调整定位开关
电动机启动时断路器立即分断	1. 过电流脱扣器瞬时整定值太小 2. 脱扣器某些零件损坏 3. 脱扣器反力弹簧断裂或落下	1. 调整瞬间整定值 2. 调换脱扣器或损坏的零部件 3. 调换弹簧或重新装好弹簧
分励脱扣器不能使断路器分断	1. 线圈短路 2. 电源电压太低	1. 调换线圈 2. 检修电路调整电源电压
欠电压脱扣器噪声大	1. 反作用弹簧力太大 2. 铁芯工作面有油污 3. 短路环断裂	1. 调整反作用弹簧 2. 清除铁芯油污 3. 调换铁芯
欠电压脱扣器不能使断路器分断	1. 反力弹簧弹力变小 2. 储能弹簧断裂或弹簧力变小 3. 机构生锈卡死	1. 调整弹簧 2. 调换或调整储能弹簧 3. 清除锈污

二、技能训练

(一) 训练目的

① 会拆装热继电器、低压断路器。
② 认识热继电器、低压断路器的结构。
③ 能检测出热继电器、低压断路器的一般故障,对常见故障进行检修。
④ 能够画出电动机正反转控制电路,并且能说出电动机正反转控制电路的工作过程。
⑤ 能够画出电动机正反转控制电路的元件布置图、安装接线图。
⑥ 会根据工艺要求安装电动机正反转控制电路。
⑦ 会根据电路原理图检查安装电路图。
⑧ 会通电调试,根据动作现象判断安装电路是否正确。

(二) 训练器材

按钮、接触器、热继电器、熔断器、低压断路器、常用电工工具、硬导线、编码管、安装板等。

(三) 训练内容与步骤

1. 拆装检测热继电器

① 热继电器外观好坏检查。

② 检测热继电器的发热元件通断情况,动合触点、动断触点是否正常。

③ 拆开热继电器面板,观察热继电器的热元件、双金属片、触点。

④ 装配热继电器。

2. 拆装低压断路器

① 低压断路器外观好坏检查。

② 拆开低压断路器面板,观察主触点、灭弧装置、自由脱扣装置、热脱扣装置、电磁脱扣装置。

③ 装配热继电器。

3. 查找资料

上网查找热继电器、开关电器相关产品型号及参数。

4. 认识电子式热过载继电器

(1) 用途及使用范围

NRE8 电子式热过载继电器(以下简称继电器)主要用于交流 50/60Hz,额定工作电压 600V 以下,电流为机壳标定的整定电流范围内的电路中,作为三相电动机过载、断相保护装置。该热继电器是一种应用微控制器的新型节能、高科技电器。对应于相同规格双金属片式热继电器可节能 80% 以上。该热继电器利用微控制器检测主电路的电流波形和电流大小,判断电动机是否过载和断相,过载时微控制器通过计算过载电流倍数决定延时的长短,延时时间到,通过脱扣机构使其动断触点断开,动合触点闭合。断相时微控制器缩短延时时间。该产品符合 GB14048.4—1993《低压开关设备和控制设备低压机电式接触器和电动机启动器》国家标准。该产品用于与对应的 CJX2、NC8 交流接触器等接插安装。

(2) 技术参数与性能

① 主电路:额定绝缘电压为 AC690V,额定频率为 50/60Hz。

② 辅助电路:额定绝缘电压为 AC400V,额定频率为 50/60Hz,使用类别、额定工作电压、额定工作电流和额定约定发热电流参数见表 3-3。

表 3-3 热过载继电器技术参数

使用类别	AC—15		DC—13
额定工作电压/V	230	400	220
额定工作电流/A	2.5	1.5	0.2
约定发热电流/A	5		

(3) 工作条件及安装

① 海拔高度:不超过 2000m。

② 周围空气温度为:−5～+40℃,24h 内其平均值不超过 +35℃。

③ 大气条件:在 +40℃ 时空气相对湿度不超过 50%;在较低温度下可以有较高的相对湿度,最潮湿月的平均最低温度不超过 +25℃,该月的月平均最大相对湿度不超过 90%,

并考虑因温度变化发生在产品上的凝露。

④ 污染等级：3级。

⑤ 安装类别：Ⅲ类。

⑥ 安装面与垂直倾斜度不大于±5°；

⑦ 在无显著摇动、冲击和震动的地方。

任务二　接触器互锁正反转控制电路的安装与检测

本任务主要介绍电动机正反转原理、正反转实现方法、正反转的安全保护措施、正反转相关电路的知识，电动机正反转控制电路的安装与检测。通过学习与技能训练，进一步认识电力拖动控制电路安装的工艺要求，硬线安装方法，正反转控制电路的一般检测、调试方法。

一、相关知识

（一）电动机正反转原理

在三相异步电动机定子上布置结构完全相同、在空间各相差120°电角度的三相定子绕组，当分别向三相定子绕组通入三相交流电时，则在定子、转子与空气隙中产生一个沿定子内圆旋转的磁场，该磁场称为旋转磁场。

由图1-23所示三相交流电产生旋转磁场示意图（见项目一的任务一）可以看出，三相交流电的变化次序（相序）为 U 相达到最大值→V 相达到最大值→W 相达到最大值→U 相……。将 U 相交流电接 U 相绕组，V 相交流电接 V 相绕组，W 相交流电接 W 相绕组，则产生的旋转磁场的旋转方向为 U 相→V 相→W 相（顺时针旋转），即与三相交流电的变化相序一致。

如果任意调换电动机两相绕组所接交流电源的相序，即假设 U 相交流电仍接 U 相绕组，V 相交流电改与 W 相绕组相接，W 相交流电与 V 相绕组相接，可以对照图1-23分别绘出 ωt 每隔60°瞬时的合成磁场图，如图3-13所示。由图可见，此时合成磁场的旋转方向已变为反时针旋转，即与图1-23所示的旋转方向相反。由此可以得出结论：旋转磁场的旋转方向决定于通入定子绕组中的三相交流电源的相序，且与三相交流电源的相序 U→V→W 的方向一致。只要任意调换电动机两相绕组所接交流电源的相序，旋转磁场即反转。

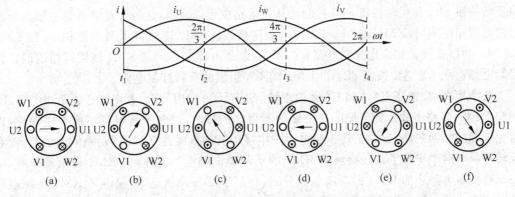

图3-13　改变三相交流电相序产生的旋转磁场示意

由于电动机的旋转方向与旋转磁场一致,所以只要任意调换电动机两相绕组所接交流电源的相序,就可以改变电动机的旋转方向。

(二) 电动机正反转控制电路

在生产加工过程中,要求电动机能够实现可逆运行,即要求电动机可以正反转。如机床工作台的前进与后退、主轴的正转与反转、起重机吊钩的上升与下降等。

由电动机原理可知,若将接至电动机的三相电源进线中的任意两相对调,可使电动机反转,如图 3-14 所示,所以正反转运行控制电路实质上是两个方向相反的单向运行电路,正反转主要采用两接触器来改变三相电源相序来实现,也可以采用倒顺开关来改变三相电源相序来实现。

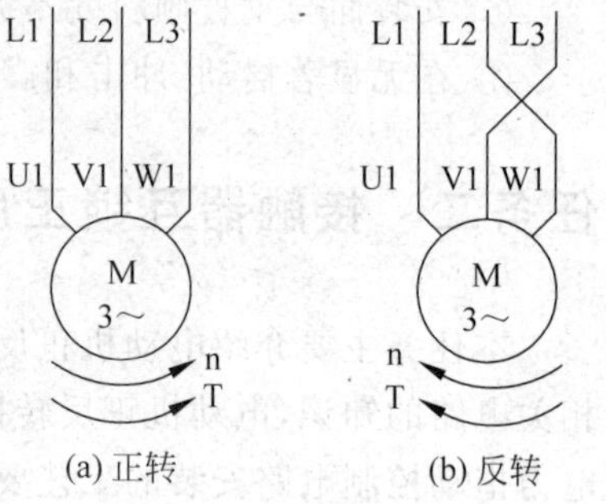

图 3-14 改变电源相序电动机实现正反转

1. 接触器联锁正反转控制电路

接触器联锁正反转控制电路如图 3-15 所示。

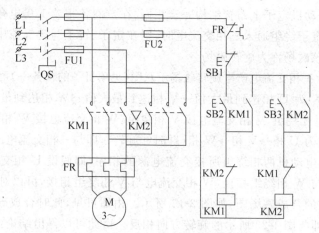

图 3-15 接触器联锁正反转控制电路

电路中采用了两个接触器,即正转用的接触器 KM1 和反转用的接触器 KM2,它们分别由正转按钮 SB2 和反转按钮 SB3 控制。从主电路中可以看出,这两个接触器的主触点所接通的电源相序不同,KM1 按 L1—L2—L3 相序接线。KM2 则对调了两相的相序,按 L3—L2—L1 相序接线。相应地控制电路有两条,一条是由按钮 SB2 和 KM1 线圈等组成的正转控制电路;另一条是由按钮 SB3 和 KM2 线圈等组成的反转控制电路。

必须指出,接触器 KM1 和 KM2 的主触点决不允许同时闭合,否则将造成两相电源(L1 相和 L3 相)短路事故。为了保证一个接触器得电动作时,另一个接触器不能得电动作,以避免电源的相间短路,就在正转控制电路中串接了反转接触器 KM2 的动断辅助触点,而在反转控制电路中串接了正转接触器 KM1 的动断辅助触点。这样,当 KM1 得电动作时,串在反转控制电路中的 KM1 的动断触点分断,切断了反转控制电路,保证了 KM1 主触点闭合时,KM2 的主触点不能闭合。同样,当 KM2 得电动作时,其 KM2 的动断触点分断,切断了正转控制电路,从而可靠地避免了两相电源短路事故的发生。像上述这种在一个接触器得电动作时,通过其动断辅助触点使另一个接触器不能得电动作的作用叫联锁(或互锁)。实现联锁作用的动断辅助触点称为联锁触点(或互锁触点)。联锁符号用"▽"表示。

接触器连锁正反转控制电路工作过程分析如下:

① 合上电源隔离开关。

② 正转控制工作过程,如图 3-16 所示。

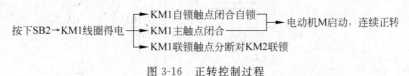

图 3-16　正转控制过程

③ 停止控制工作过程,如图 3-17 所示。

图 3-17　停止控制过程

④ 反转控制工作过程,如图 3-18 所示。

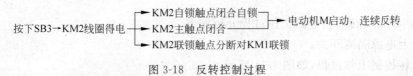

图 3-18　反转控制过程

⑤ 停止控制工作过程,如图 3-19 所示。

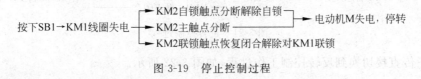

图 3-19　停止控制过程

2. 按钮联锁正反转控制电路

接触器联锁正反转控制电路的优点是工作安全可靠,缺点是操作不便。因电动机从正转变为反转时,必须先按下停止按钮后,才能按反转启动按钮,否则由于接触器的联锁作用,不能实现反转。为克服此电路的不足,可采用按钮联锁的正反转控制电路。

把图 3-15 所示电路中的正转按钮 SB1 和反转按钮 SB2 换成两个复合按钮,并使用复合按钮的动断触点代替接触器的动断联锁触点,就构成了按钮联锁的正反转控制电路,如图 3-20 所示。

这种控制电路的工作原理与接触器联锁的正反转控制电路的工作原理基本相同,只是当电动机从正转改变为反转时,可直接按下反转按钮 SB3 即可实现,不必先按停止按钮 SB1。

因为当按下反转按钮 SB3 时,串接在正转控制电路中 SB3 的动断触点先分断,使正

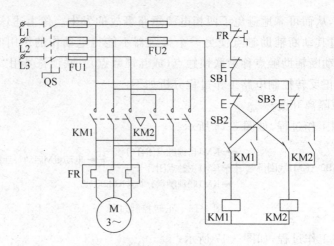

图 3-20 按钮联锁正反转控制电路图

转接触器 KM1 线圈失电,KM1 的主触点和自锁触点分断,电动机 M 失电惯性运转。SB3 的动断触点分断后,其动合触点才随后闭合,接通反转控制电路,电动机 M 便反转。这样既保证了 KM1 和 KM2 的线圈不会同时得电,又可不按停止按钮而直接按反转按钮实现反转。同样,若使电动机从反转运行变为正转运行时,也只要直接按下正转按钮 SB2 即可。

按钮连锁正反转控制电路工作过程分析如下:

① 合上电源隔离开关。

② 正转控制工作过程,如图 3-21 所示。

图 3-21 正转控制过程

③ 正传直接切换到反转控制工作过程,如图 3-22 所示。

图 3-22 正转切换反转控制过程

3. 按钮接触器双重联锁正反转控制电路

按钮接触器双重联锁正反转控制电路如图 3-23 所示。

按钮联锁正反转控制电路的优点是操作方便,缺点是容易产生电源两相短路故障。如:当正转接触器 KM1 发生主触点熔焊或被杂物卡住等故障时,即使接触器线圈失电,主触点也分断不开,这时若直接按下反转按钮 SB3,KM2 得电动作,触点闭合,必然造成电源两相短路故障。所以此电路工作时欠安全可靠,在实际工作中,经常采用的是按钮、接触器双重

项目三 电动机正反转控制电路的安装与检测

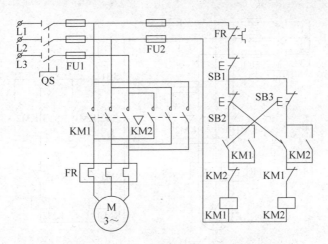

图 3-23 按钮接触器双重联锁正反转控制电路

联锁的正反转控制电路。

这种电路是在按钮联锁的基础上,又增加了接触器联锁,兼有两种联锁控制电路的优点,使电路操作方便,工作安全可靠。因此,在电力拖动中被广泛采用。

二、技能训练

(一) 训练目的

① 能够熟练画出接触器联锁控制电路。
② 会识读正反转相关电路。
③ 会判断正反转电路是否正确。
④ 熟悉热继电器的安装。
⑤ 会画出正反转控制电气原理图、电器布置图、电器安装接线图。
⑥ 能够按照工艺要求,使用硬线安装电路。
⑦ 会用万用表检测电路,会通电调试电路。

(二) 训练器材

三相电源、安装板、接触器、按钮、热继电器、熔断器、端子排、电动机、硬导线若干、编码管若干、常用电工工具。

(三) 训练内容与步骤

1. 训练内容

① 分析如图 3-24 所示电动机正反转控制电路能否正常工作,若不能说明原因。
② 分析如图 3-25 所示电路可以实现哪些控制功能,分析该电路工作过程。
③ 电动机接触器自锁控制电路(电路见图 3-26)安装与检测。

2. 训练步骤

虽控制电路接线不同,但训练步骤却相同,此处以图 3-26 所示控制电路为例列示训练步骤,其他电路类同。

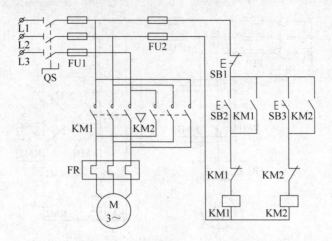

图 3-24 电动机正反转控制电路

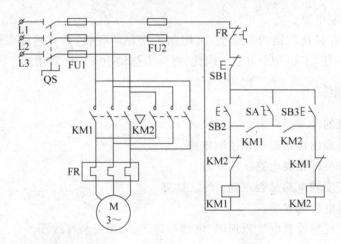

图 3-25 电动机正反转某控制电路

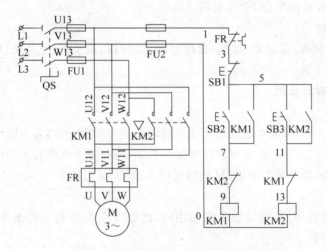

图 3-26 接触器互锁正反转控制电路

(1) 画元器件布置图

如图 3-27 所示。

(2) 画出安装接线图

如图 3-28 所示。

(3) 电路安装

① 按照电路图与安装图正确安装好电路。

② 利用万用表简单检测电路是否正确。

③ 得电测试电路安装是否正确。

(4) 自检安装电路

安装完毕的控制电路板，必须按要求进行认真检查，确保无误后才允许得电检测。

① 主电路接线检查：按电路图或接线图从电源端开始，逐段核对接线有无漏接、错接之处，检查导线接点是否符合要求、压接是否牢固，以免带负载运行时产生闪弧现象。

② 控制电路接线检查：用万用表电阻挡检查控制电路接线情况。检查时，应选用倍率适当的电阻挡，并对选择的电阻挡调零。

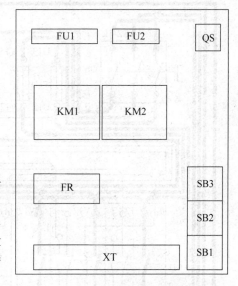

图 3-27 接触器互锁正反转控制电路元件布置图

- 检查控制电路的通断。断开主电路，将表笔分别搭在 U12、V12 线端上，读数应为"∞"。按下正转按钮 SB2(或反转按钮 SB3)时，万用表读数应为接触器线圈的直流电阻值(如 CJ10-10 线圈的直流电阻值约为 1.8kΩ)；松开 SB2(或 SB3)，万用表读数为"∞"。
- 自锁控制电路的控制电路检查。松开 SB2(或 SB3)，按下 KM1(或 KM2)触点架，使其动合辅助触点闭合，万用表读数应为接触器线圈的直流电阻值。
- 检查接触器联锁。同时按下 KM1 和 KM2 触点架，万用表读数为"∞"。
- 停车控制检查。按下启动按钮 SB2(SB3)或 KM1(KM2)触点架，测得接触器线圈的直流电阻值，同时按下停止按钮 SB1，万用表读数由线圈的直流电阻值变为"∞"。

(5) 交验合格后，得电检测

得电时，必须经指导教师同意后，由指导教师连接电源，并在现场进行监护。出现故障后，学生应独立进行检修。若需带电检查时，也必须有教师在现场监护。

接通三相电源 L1、L2、L3，合上电源开关 QS，用电笔检查熔断器出线端，氖管亮说明电源接通。分别按下 SB2、SB3 和 SB1，观察是否符合电路功能要求，观察电器元件动作是否灵活，有无卡阻及噪声过大现象，观察电动机运行是否正常。若有异常，立即停车检查。

(6) 得电试车完毕，停转、切断电源

先拆除三相电源线，再拆除电动机负载线。

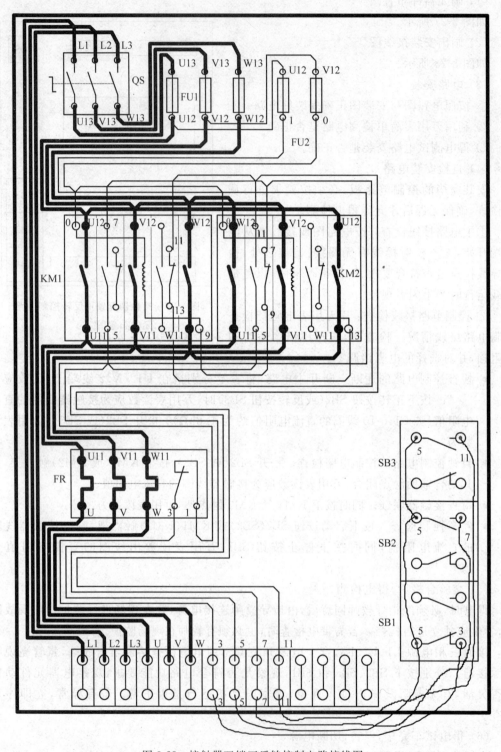

图 3-28 接触器互锁正反转控制电路接线图

项目三 电动机正反转控制电路的安装与检测

(7) 注意事项

① 接线完成要先用万用表对电路进行初步检查。

② 装接中应当标明各线的号码。

③ 装接中要注意电源相序是否正确。

项目评价

完成任务一、任务二的学习与技能训练后,填写表3-4所列项目评价表。

表3-4 项目三评价表

训练课题					姓名	
开始时间			结束时间		工位号	
序号	项目	配分	评分标准及要求			扣分
1	热继电器、低压断路器的拆装	10	不会拆、装热继电器、低压断路器,或是拆装时损坏热继电器、低压断路器,1次扣5分。不会用万用表检测装好后的热继电器、低压断路器质量,扣5分			
2	识读正反转控制电路	5	不会正确识读正反转控制电路,错一次扣1分			
3	元器件清点、选择	5	清点、选择元器件,填写电器元器件明细表。每填错一个元器件扣1分			
4	元器件测试	5	操作在20min内完成,对主要器材测试。如有损坏,应及时报告老师。在训练中作损坏元件处理,每损坏一个电器元件扣1分			
5	绘制电路安装接线图	10	图纸整洁、画图正确。所画图形、符号每一处不规范扣1分;少一处标号扣1分			
6	布线	30	不同规格导线的使用	每错一根扣2分		
			接线工艺	导线不平直、损伤导线绝缘层、未贴板走线或导线交叉,每根扣2分		
			元件安装正确	缺螺钉,每一处扣2分		
			电气接触	接线错误(含未接线)、接触不良,接点松动,每处扣4分		
			线头旋向错误	每处扣2分		
			连接点处理	导线接头过长或过短,每处扣4分		
			接线端子排列	不规范、不正确,每处扣2分		
7	得电试车(试车前,用万用表检查电路)	25	不能起动	扣20分		
			每缺一个自锁	扣5分		
			不能互锁	扣5分		
			不试车或试车不成功后不再试车	共扣30分		
8	时间		操作时间180min。规定最多可超时20min	超时前10min内(含10min)扣10分;后10min内再扣20分。超时不得超过满30min		

续表

序号	项目	配分	评分标准及要求		扣分
9	安全、文明规范	10	操作台不整洁	扣5分	
			工具、器件摆放凌乱	扣5分	
			发生一般事故：如带电操作（不包括得电试车）、训练中有大声喧哗等影响他人的行为等	每次扣5分	
			发生重大事故：如短路、烧坏器件等	本次技能考试总成绩以0分计	
备注		每一项最高扣分不应超过该项配分（除发生重大事故）	总成绩		
突出成绩					
主要问题					

知识拓展　认识多地控制电路

一般在大型生产设备上，为了使操作人员在设备不同位置均能进行启、停等操作，常常要求组成多地（异地）控制电路，接线的原则是将各启动按钮的动合触点并联，各停止按钮的动断触点串联，分别安装在不同的地方，即可进行多地操作。如图3-29所示的多地控制电路，SB3、SB4均为启动按钮，SB1、SB2均为停止按钮。

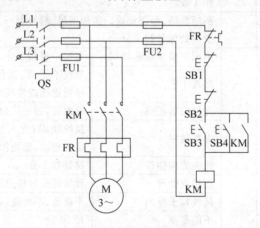

图3-29　多地控制电路

思考与练习三

3.1　电动机过载保护通常用什么元件？

3.2　电动机短路保护通常用什么元件？

3.3 对于三角形接法的电动机,能否采用两相结构的热继电器?
3.4 如何选择使用热继电器?
3.5 低压断路器具有哪些作用?
3.6 正反转为什么要采取联锁保护?
3.7 接触器联锁与按钮联锁有什么区别?
3.8 分析图 3-30 所示的主电路或控制电路能否实现正反转控制,若不能,则说明原因。

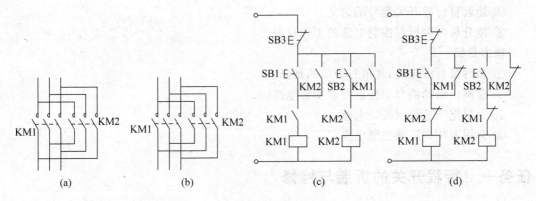

图 3-30 题 3.8 图

项目四 电动机自动往返控制电路的安装与检测

知识目标：
① 能简述行程开关的作用、结构、工作原理、选择使用方法。
② 能画出行程开关的图形符号，并写出其文字符号。
③ 能解释行程开关型号的含义。
④ 能分析各种行程控制电路的工作过程。

能力目标：
① 会拆装行程开关，并进行简单的维修。
② 会画出电动机自动往返控制安装电路图。
③ 会根据工艺要求安装电路。
④ 会用万用表正确检测电路。

任务一 行程开关的拆装与检修

本任务主要介绍行程开关的作用、结构、原理、使用方法，介绍行程开关的相关参数，以及行程开关的选择与使用。

一、相关知识

1. 行程开关

行程开关又称限位开关或位置开关，它利用生产机械运动部件的碰撞，使其内部触点动作，分断或切换电路，从而控制生产机械行程、位置或改变其运动状态。行程开关是用来反映工作机械的行程位置，并发出指令，以控制其运动方向和行程大小的主令电器。

行程开关被用来限制机械运动的位置或行程，使运动机械按一定位置或行程自动停止、反向运动或自动往返运动等。

为了适应生产机械对行程开关的碰撞，行程开关有不同的结构形式，常用碰撞部分有直动式（按钮式）和滚动式（旋转式）。其中，滚动式又有单滚轮式和双滚轮式两种，如图 4-1 所示。

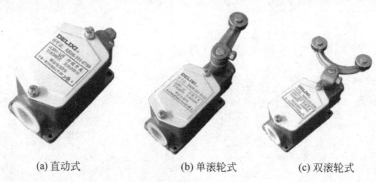

(a) 直动式   (b) 单滚轮式   (c) 双滚轮式

图 4-1 直动式和滚动式行程开关

项目四 电动机自动往返控制电路的安装与检测

行程开关种类很多,常见行程开关如图 4-2 所示。

(a) JW2、JW2A 系列行程开关　　(b) LXK3系列行程开关　　(c) JLXK1系列行程开关　　(d) LX5系列行程开关　　(e) YBLX-1系列行程开关

(f) LX19系列行程开关　　(g) LX10系列行程开关　　(h) LXW5系列微动开关　　(i) X2系列行程开关　　(j) LX3系列行程开关

(k) YBLX-3系列行程开关　　(l) YBLX-(D4D)系列行程开关　　(m) YBLX-10系列行程开关　　(n) YBLX-2系列行程开关　　(o) YBLX-12系列行程开关

(p) YBLX-P1(3SE3)系列行程开关　　(q) YBLX-X2系列行程开关　　(r) YBLX-25系列行程开关　　(s) YBLX-(ME8000、AZ8000、TZ8000)系列行程开关　　(t) YBLX-K1系列行程开关

(u) YBLX-20J系列行程开关　　(v) YBLX-6系列行程开关　　(w) YBLX-29系列行程开关　　(x) YBLX-33系列行程开关　　(y) YBLX-CSK磁吹灭弧行程开关

图 4-2 常见行程开关

2. 行程开关的结构与原理

行程开关的结构如图 4-3 所示,当运动机构的挡块压到行程开关上时,动合触点闭合,动断触点断开。挡块移开后,复位弹簧使其复位。

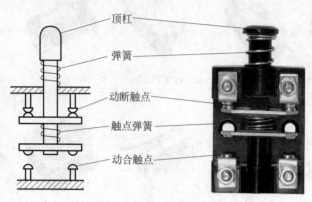

图 4-3 行程开关的结构示意图

对于单滚轮自动复位的行程开关,只要生产机械挡块离开滚轮后,复位弹簧能将已动作的部分恢复到动作前的位置,为下一次动作作好准备。有双滚轮的行程开关在生产机械碰撞第一只滚轮时,内部微动开关动作,发出信号指令,但生产机械挡块离开滚轮后不能自动复位,必须在生产机械碰撞第二个滚轮时,方能复位。

行程开关的文字与图形符号如图 4-4 所示。

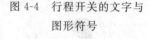

(a) 动断触点　　(b) 动合触点

图 4-4 行程开关的文字与图形符号

3. 行程开关的型号含义与技术参数

(1) 行程开关的型号含义

行程开关的型号含义如图 4-5 所示。

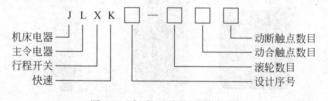

图 4-5 行程开关的型号含义

(2) 行程开关的技术参数

行程开关的技术参数主要有额定电压、额定电流、触点换接时间、动作角度或工作行程、触点数量、结构型式和操作频率等。

4. 行程开关的选择和使用

(1) 行程开关的选择

① 根据安装环境选择行程开关形式,是开启式还是防护式。

② 根据控制回路的电压和电流选择采用何种系统的行程开关。

③ 根据机械与行程开关的传力与位移关系选择合适的头部结构形式。

项目四 电动机自动往返控制电路的安装与检测

(2) 行程开关的使用
① 位置开关安装时位置要准确,否则不能达到位置控制和限位的目的。
② 应定期检查位置开关,以免触点接触不良而达不到行程和限位控制的目的。

5. **行程开关的常见故障及修理方法**

行程开关长期使用后会出现不同的故障,常见故障及修理方法见表4-1。

表 4-1 行程开关的常见故障及修理方法

故障现象	产 生 原 因	修 理 方 法
挡铁碰撞开关,触点不动作	1. 开关位置安装不当 2. 触点接触不良 3. 触点连接线脱落	1. 调整开关的位置 2. 清洗触点 3. 紧固连接线
位置开关复位后,动断触点不能闭合	1. 触杆被杂物卡住 2. 动触点脱落 3. 弹簧弹力减退或被卡住 4. 触点偏斜	1. 清扫开关 2. 重新调整动触点 3. 调换弹簧 4. 调换触点
杠杆偏转后触点未动	1. 行程开关位置太低 2. 机械卡阻	1. 将开关向上调到合适位置 2. 打开后盖清扫开关

二、技能训练

(一) 训练目的
① 认识常用行程开关的型号、作用。
② 熟悉行程开关的结构、动作原理,掌握行程开关的拆装,并能对常见故障进行检修。
③ 能够正确地选用行程开关。

(二) 训练器材
行程开关、常用电工工具。

(三) 训练内容与步骤
识别行程开关:
① 拆下行程开关的盖板,如图4-6所示识别动合触点、动断触点。
② 根据表4-2识别行程开关,并且填写表格。

图 4-6 行程开关触点

表 4-2 行程开关的识别过程

序号	识别任务	参考值	识别值	识别方法及操作要点
1	读行程开关的型号	LX19—111		型号标在行程开关的盖板上
2	读额定电压、电流	AC 380V,DC 220V 5A		
3	观察动断触点	桥式动触点闭合在静触点上		接线端子是中间的两个
4	观察动合触点	桥式静触点与动触点处于分离状态		接线端子为外侧的两个

续表

序号	识别任务	参考值	识别值	识别方法及操作要点
5	检测判别动断触点的好坏	阻值为0		选万用表 $R \times 1\Omega$ 挡,调零后,两表棒分别搭接在两个接线端子上
				若阻值为∞,说明触点损坏或接触不良
6	动作行程开关,检测判别动合触点的好坏	阻值为0		选万用表 $R \times 1\Omega$ 挡,调零后,两表棒分别搭接在两个接线端子上
				若阻值为∞,说明触点损坏或接触不良

任务二 自动往返控制电路的安装与检测

本任务主要介绍位置(行程)控制相关的控制电路,行程开关在电路中的作用,行程开关动合触点、动断触点的使用,位置控制的工作过程,电动机自动往返控制电路的安装与检测。通过学习与技能训练,认识行程开关的使用与安装,了解行程开关的结构,掌握电力拖动控制电路安装的工艺要求,熟悉硬线安装方法,掌握控制电路的一般检测、调试方法。

一、相关知识

(一)位置控制

位置控制主要实现机械运动位置的控制,同时还能使机械实现自动停止、反向、变速或自动往复等运动。例如,自动门开关自动停止、电梯升降到楼层的自动停止、铣床工作台极限位置的停止控制都需要行程开关来实现自动控制。

实现位置控制其实是在被控制机械部件位移的极限端安装行程开关,通过运行机械部件的碰撞,使行程开关的触点动作,迫使电动机停止或反转,使机械部件停止或返回。

根据控制要求不同,行程开关可以安装在极限位置,也可以安装在运动部件上;同样碰撞行程开关的挡块,可以安装在极限位置,也可以安装在运动部件上。

如图4-7所示为行程控制示意图,电动机拖动机械部件左右运动,但是到左右极限位置必需停止,就可以用两个行程开关来实现左右极限位置的停止。

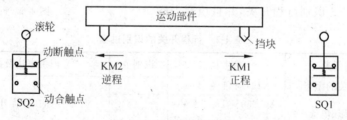

图4-7 行程控制示意图

该系统的控制要求是,运动部件到左极限位置停下,到右极限位置也要停下,而这一任务应该是自动完成,通过行程开关来实现,左右运动可以通过电动机正反转来实现。如图4-8所示为实现该控制要求的控制电路。

项目四 电动机自动往返控制电路的安装与检测

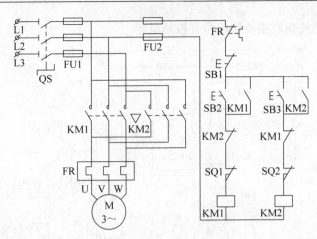

图 4-8 接触器联锁限位控制电路

在正程运动时,KM1 接触器得电,控制电动机拖动运动部件向右运动,达到右极限位置时,运动部件的挡块碰撞行程开关 SQ1,行程开关 SQ1 的动断断开,KM1 线圈失电,电动机停转,运动部件停止运行。

同理,在逆程运动时,KM2 接触器得电,控制电动机拖动运动部件向左运动,达到左极限位置时,运动部件的挡块碰撞行程开关 SQ2,行程开关 SQ2 的动断断开,KM2 线圈失电,电动机停转,运动部件停止运行。

接触器联锁限位控制电路工作过程分析如下:

① 正程控制工作过程,如图 4-9 所示。

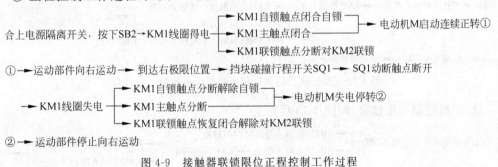

图 4-9 接触器联锁限位正程控制工作过程

② 逆程控制工作过程,如图 4-10 所示。

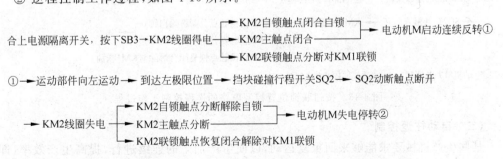

图 4-10 接触器联锁过程控制工作过程

图 4-11 所示是按钮联锁控制的位置控制电路。

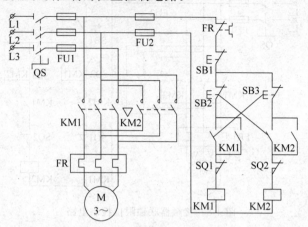

图 4-11 按钮联锁位置控制电路

按钮联锁位置控制电路的工作过程分析如下：

① 正程控制工作过程，如图 4-12 所示。

合上电源隔离开关，按下SB3 → SB3动断触点分断对KM2联锁
　　　　　　　　　　　　 → SB3动合触点闭合 → KM1线圈得电 → KM1自锁触点闭合自锁
　　　　　　　　　　　　　　　　　　　　　　　　　　　　　 → KM1主触点闭合　　　　　①

① 电动机M启动连续正转 → 运动部件向右运动 → 到达右极限位置 → 挡块碰撞行程开关SQ1 ②

② → SQ1动断触点断开 → KM1线圈失电 → KM1自锁触点分断解除自锁
　　　　　　　　　　　　　　　　　　　 → KM1主触点分断　　　　　　　③
　　　　　　　　　　　　　　　　　　　 → KM1联锁触点恢复闭合解除对KM2联锁

③ 电动机M失电停转 → 运动部件停止向右运行

图 4-12 按钮联锁位置控制电路的正程控制工作过程

② 逆程控制工作过程，如图 4-13 所示。

合上电源隔离开关，按下SB2 → SB2动断触点分断对KM1联锁
　　　　　　　　　　　　 → SB2动合触点闭合 → KM2线圈得电 → KM2自锁触点闭合自锁
　　　　　　　　　　　　　　　　　　　　　　　　　　　　　 → KM2主触点闭合　　　　　①

① 电动机M启动连续反转 → 运动部件向左运动 → 到达左极限位置 → 挡块碰撞行程开关SQ2 ②

② → SQ2动断触点断开 → KM2线圈失电 → KM2自锁触点分断解除自锁
　　　　　　　　　　　　　　　　　　　 → KM2主触点分断　　　　　　　③
　　　　　　　　　　　　　　　　　　　 → KM2联锁触点恢复闭合解除对KM1联锁

③ 电动机M失电停转 → 运动部件停止向左运行

图 4-13 按钮联锁位置控制电路的逆程控制工作过程

（二）自动往返控制

某些生产机械要求能够来回重复运动，以便生产加工的连续进行，提高生产效率，即正程运动到位置停止位移后，又继续逆程返回，逆程运动到位置停止位移后，又继续正程返回，这个过程重复进行，这就是自动往返运动，控制自动往返运动的电路就是自动往返控制电路。

项目四 电动机自动往返控制电路的安装与检测

如图 4-14 所示是自动往返控制电路。

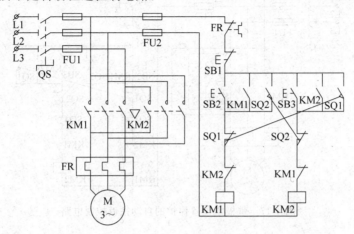

图 4-14 自动往返控制电路

自动往返控制电路的工作过程分析如图 4-15 所示。

合上电源开关QS，按下SB2 → SB2动合触点闭合 → KM1线圈得电 → KM1自锁触点闭合自锁 / KM1主触点闭合 → 电动

机M启动连续正转 → 运动部件向右运动 → 到达右限定位置 → 挡块碰撞行程开关SQ1

→ SQ1动断触点先断开 → KM1线圈失电 → KM1自锁触点分断解除自锁 → ①
→ SQ1动合触点后闭合② → KM1主触点分断
→ KM1联锁触点恢复闭合③

①电动机M失电停转 → 运动部件停止向右运行

② ③ → KM2线圈得电 → KM2自锁触点闭合自锁 / KM2主触点闭合 → 电动机M启动连续反转

→ 运动部件向左运动 → 到达左限定位置 → 挡块碰撞行程开关SQ2 → 停止反转 / 接通正转

→ …，运动部件自动往返运动。

图 4-15 自动往返控制电路的工作过程

为了防止 SQ1 和 SQ2 失灵，运动部件超出运动范围造成事故，自动往返控制通常增加两只行程开关，用于极限位置的保护，如图 4-16 所示。正常工作时，SQ3 和 SQ4 不起作用，只有 SQ1 或 SQ2 失灵，运动部件超出运动范围时，SQ3 和 SQ4 才起保护作用。带极限位置保护的自动往返控制电路如图 4-17 所示。

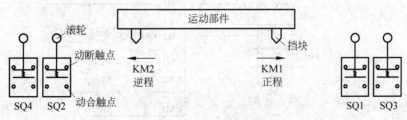

图 4-16 行程控制示意图

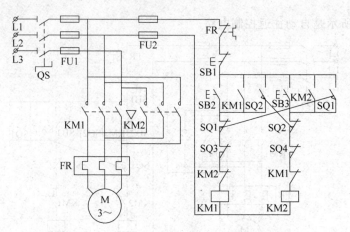

图 4-17 带极限位置保护的自动往返控制电路

二、技能训练

(一)训练目的

① 能够熟练画出自动往返控制电路。
② 会识读自动往返控制电路。
③ 熟悉行程开关的安装。
④ 会画自动往返控制电气原理图、电器布置图、电器安装接线图。
⑤ 能够按照工艺要求,使用硬线安装电路。
⑥ 会用万用表检测电路,会通电调试电路。

(二)训练器材

三相电源、安装板、接触器、按钮、热继电器、熔断器、行程开关、端子排、电动机、硬导线若干、编码管若干、常用电工工具。

(三)训练内容与步骤

1. 训练内容

① 行程开关在电路中的位置如图 4-18 所示,分析该电路的工作过程。

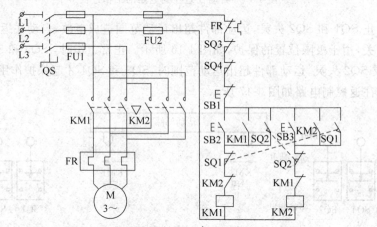

图 4-18 自动往返控制电路二

② 参照图 4-19 进行电动机自动往返控制电路的安装与检测。

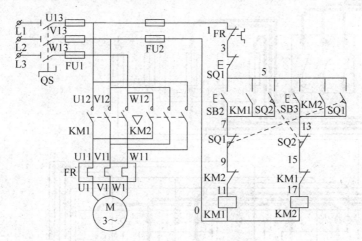

图 4-19　自动往返控制电路三

2. 训练步骤

虽控制电路接线不同,但训练步骤却相同,所以以图 4-19 所示电路为例列示训练步骤,其余控制电路类同。

(1) 画元器件布置图

元器件布置图如图 4-20 所示。

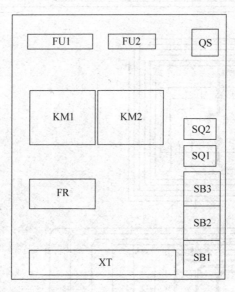

图 4-20　自动往返控制电路的元器件布置图

(2) 画出安装接线图

安装接线图如图 4-21 所示。为了提高安装速度,在走线清楚的情况下,画安装接线图时,可以不必画出完整的电路走线图,仅仅在相应的接线端子上标记该接线的线号,就可以提高工作效率。往返控制电路的简化接线图如图 4-22 所示。

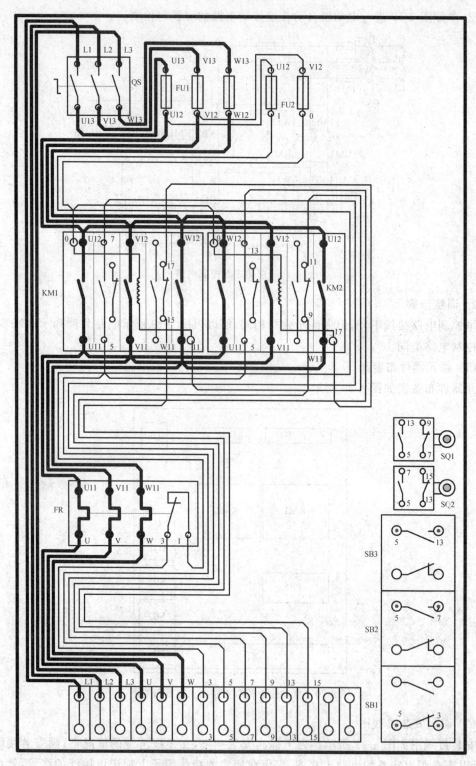

图 4-21 自动往返安装接线图

项目四 电动机自动往返控制电路的安装与检测

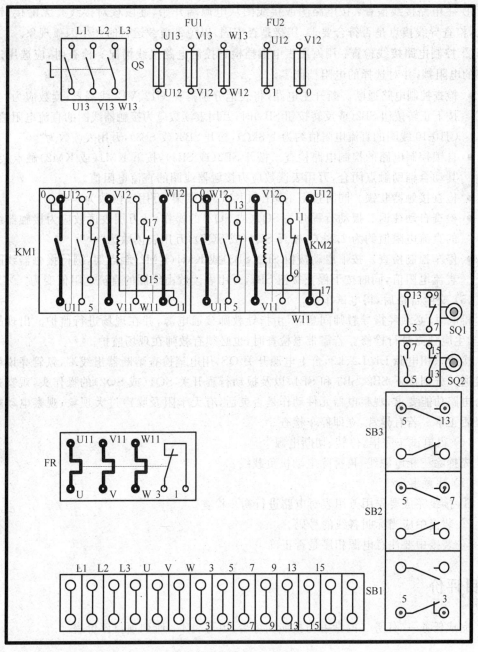

图 4-22 往返控制电路的简化接线图

(3) 电路安装

① 按照电路图与安装图正确安装电路。

② 利用万用表简单检测电路是否正确。

③ 得电测试电路安装是否正确。

(4) 自检安装电路

安装完毕的控制电路板,必须按要求进行认真检查,确保无误后才允许得电试车。

① 主电路接线检查：按电路图或接线图从电源端开始，逐段核对接线有无漏接、错接之处，检查导线接点是否符合要求，压接是否牢固，以免带负载运行时产生闪弧现象。

② 控制电路接线检查：用万用表电阻挡检查控制电路接线情况。检查时，应选用适当倍率的电阻挡，并对选择的电阻挡调零。

- 检查控制电路通断。断开主电路，将表笔分别搭在 U12、V12 线端上，读数应为"∞"。按下正转按钮 SB2（或反转按钮 SB3）时，万用表读数应为接触器线圈的直流电阻值（如 CJ10-10 线圈的直流电阻值约为 1.8kΩ），松开 SB2（或 SB3），万用表读数为"∞"。
- 自锁控制电路的控制电路检查。松开 SB2（或 SB3），按下 KM1（或 KM2）触点架，使其动合辅助触点闭合，万用表读数应为接触器线圈的直流电阻值。
- 检查接触器联锁。同时按下 KM1 和 KM2 触点架，万用表读数为"∞"。
- 检查自动往返。扳动行程开关 SQ1（或 SQ2）的操作头，万用表读数应为接触器线圈的直流电阻值约为 1.8kΩ，松开 SQ1（或 SQ2），万用表读数为"∞"。
- 停车控制检查。按下启动按钮 SB2(SB3)或 KM1(KM2)触点架，测得接触器线圈的直流电阻值，同时按下停止按钮 SB1，万用表读数由线圈的直流电阻值变为"∞"。

(5) 交验合格后，得电试车

得电时，必须经指导教师同意后，由指导教师接通电源，并在现场进行监护。出现故障后，学生应独立进行检修。若需带电检查时，也必须有教师在现场监护。

接通三相电源 L1、L2、L3，合上电源开关 QS，用电笔检查熔断器出线端，氖管亮说明电源接通。分别按下 SB2、SB3 和 SB1，以及扳动行程开关 SQ1（或 SQ2）的操作头，观察是否符合电路功能要求，观察电器元件动作是否灵活，有无卡阻及噪声过大现象，观察电动机运行是否正常。若有异常，立即停车检查。

(6) 得电试车完毕，停转、切断电源

先拆除三相电源线，再拆除电动机负载线。

(7) 注意事项

① 接线完成要先用万用表对电路进行初步检查。

② 装接中应当标明各线的号码。

③ 装接中要注意电源相序是否正确。

项目评价

完成任务一、任务二的学习与技能训练后，填写表 4-3 所列项目评价表。

表 4-3　项目四评价表

训练课题					姓名	
开始时间			结束时间		工位号	
序号	项目	配分	评分标准及要求			扣分
1	行程开关的拆装与检测	5	不会拆、装行程开关，或是拆装时损坏行程开关，1 次扣 5 分。不会用万用表检测装好后的行程开关质量，扣 5 分			
2	识读自动往返电路	5	不会正确识读自动往返电路，错一次扣 1 分			

项目四 电动机自动往返控制电路的安装与检测

续表

序号	项目	配分	评分标准及要求		扣分
3	元器件清点、选择	5	清点、选择元器件,填写电器元器件明细表。每填错一个元器件扣3分		
4	元器件测试	10	在20min内,对主要器材测试。如有损坏,应及时报告老师。在训练中作损坏元件处理,每损坏一个电器元件扣5分		
5	绘制电路安装接线图	10	图纸整洁、画图正确。所画图形、符号每一处不规范扣2分;少一处标号扣2分		
6	布线	30	不同规格导线的使用	每错一根扣2分	
			接线工艺	导线不平直、损伤导线绝缘层、未贴板走线或导线交叉,每根扣2分	
			元件安装正确	缺螺钉,每一处扣2分	
			电气接触	接线错误(含未接线)、接触不良、接点松动,每处扣4分	
			线头旋向错误	每处扣2分	
			连接点处理	导线接头过长或过短,每处扣4分	
			接线端子排列	不规范、不正确,每处扣2分	
7	得电试车(试车前,用万用表检查电路)	25	不能起动	扣20分	
			每缺一个自锁	扣10分	
			不能自动往返	扣10分	
			不试车或试车不成功后不再试车	共扣25分	
8	时间		操作时间180min。规定最多可超时20min	超时前10min内(含10min)扣10分;后10min内再扣20分。超时满20min后,不得继续操作	
9	安全、文明规范	10	操作台不整洁	扣5分	
			工具、器件摆放凌乱	扣5分	
			发生一般事故:如带电操作(不包括得电试车)、训练中有大声喧哗等影响他人的行为等	每次扣5分	
			发生重大事故:如短路、烧坏器件等	本次技能考试总成绩以0分计	
	备注		每一项最高扣分不应超过该项配分(除发生重大事故)	总成绩	
	突出成绩				
	主要问题				

知识拓展 认识顺序控制电路

在装有多台电动机的生产机械上,各电动机所起的作用是不同的,有时需按一定的顺序启动,才能保证操作过程的合理性和工作的安全可靠。例如,车床主轴转动时要求油泵先给齿轮箱提供润滑油,即要求保证润滑泵电动机启动后主拖动电动机才允许启动,也就是控制对象对控制电路提出了按顺序工作的联锁要求。像这种要求一台电动机启动后另一台电动机才能启动的控制方式,叫做电动机的顺序控制。

1. 主电路实现的顺序控制

如图 4-23 所示为主电路实现电动机顺序控制的电路。其特点是:电动机 M2 的主电路接在电源接触器 KM1 的主触点的下面,保证了只有当 KM1 主触点闭合,电动机 M1 启动后,M2 才可能启动。如图 4-23(a)所示电路中,X 为接插座,如图 4-23(b)所示电路中,SB2 为 M1 启动按钮,SB3 为 M2 启动按钮。

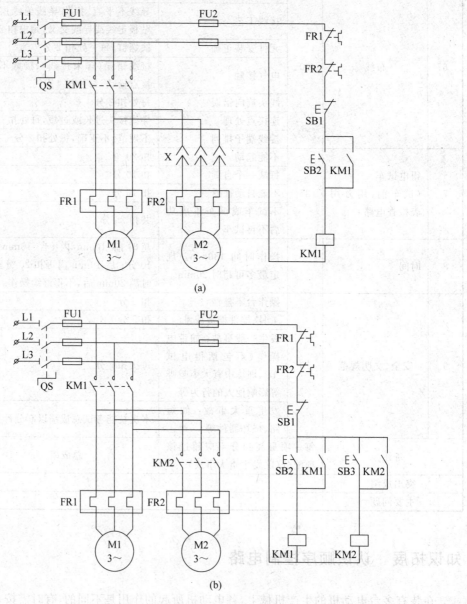

图 4-23 主电路实现的顺序控制

2. 控制电路实现的顺序控制

如图 4-24 所示为控制电路中实现电动机顺序启动控制的电路。该电路特点是，在电动机 M2 的控制电路中串接了接触器 KM1 的动合辅助触点。显然，只要 M1 不启动，KM1 动合触点不闭合，KM2 线圈就不能得电，M2 电动机就不能启动。

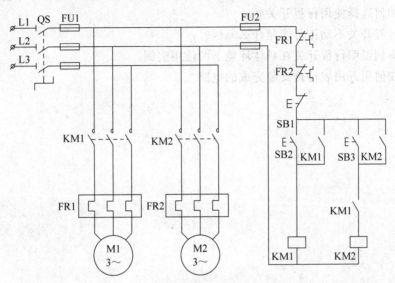

图 4-24　控制电路实现的顺序启动控制电路

如图 4-25 所示为顺序启动、逆序停止电路，该电路在实现顺序启动的基础上，在电路的 SB1 的两端并联了接触器 KM2 的动合辅助触点，从而实现了 M1 启动后，M2 才能启动，而 M2 停止后，M1 才能停止的控制要求，即顺序启动、逆序停止。

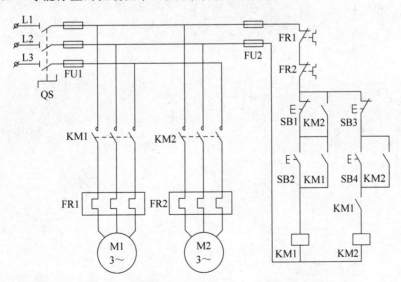

图 4-25　控制电路实现的顺序启动、逆序停止控制电路

思考与练习四

4.1 行程开关主要有什么作用?
4.2 如何选择使用行程开关?
4.3 行程开关不动作可能是什么原因?
4.4 举例说明行程开关在具体环境下的使用实例。
4.5 如何用万用表检查安装完成的电路?

项目五 三相异步电动机减压启动控制电路的安装与检测

知识目标：
① 简述时间继电器的作用、分类、结构、工作原理、选择与使用方法。
② 能画出时间继电器的图形符号，并写出其文字符号。
③ 能解释时间继电器型号的含义。
④ 能简述减压启动的作用、分类。
⑤ 能分析各种减压启动控制电路的工作过程。

能力目标：
① 会拆装时间继电器，并进行简单的维修。
② 会画出减压启动控制电路安装电路图。
③ 会根据工艺安装Y-△减压启动控制电路。
④ 会用万用表正确检测电路。

任务一 时间继电器的应用与检测

本任务主要介绍时间继电器的分类，时间继电器的结构、基本工作原理，时间继电器安装与使用方法，空气阻尼式得电延时时间继电器与断电延时时间继电器之间的变换，电子式时间继电器的原理与使用方法。

一、相关知识

继电器是一种根据电量（电流、电压）或非电量（时间、速度、温度、压力等）的变化自动接通和断开控制电路，以完成控制或保护任务的电器。

继电器用途广泛，种类繁多。按反应的参数可分为电压继电器、电流继电器、中间继电器、热继电器、时间继电器和速度继电器等；按动作原理可分为电磁式、电动式、电子式和机械式等。其中，电压继电器、电流继电器、中间继电器均为电磁式。

时间继电器是一种按时间原则动作的继电器，在电路中控制动作的时间。它按照设定时间控制而使触点动作，即由它的感测机构接收信号，经过一定时间延时后执行机构才会动作，并输出信号以操纵控制电路。它的种类很多，按构成原理可分为电磁式、电动式、电子式和机械式等，按延时方式可分为得电延时型、断电延时型。

常见时间继电器如图5-1所示。

（一）空气阻尼式时间继电器

空气阻尼式时间继电器又叫气囊式时间继电器，是利用空气阻尼的原理获得延时的。它由电磁系统、延时机构和触点三部分组成。电磁机构为直动式双E型，触点系统是借用LX5型微动开关，延时机构采用气囊式阻尼器。空气阻尼式时间继电器的外型结构如图5-2所示，通电延时型时间继电器的结构示意图如图5-3所示。

(a) DS系列时间继电器　　(b) JS20系列晶体管时间继电器　　(c) JS11-C系列时间继电器　　(d) NKG1时间继电器　　(e) JS14P系列时间继电器

(f) JS14S时间继电器　　(g) JSZ3H时间继电器　　(h) JSZ3S闪烁继电器　　(i) JSZ3时间继电器　　(j) JS7-A时间继电器

图 5-1　常见时间继电器

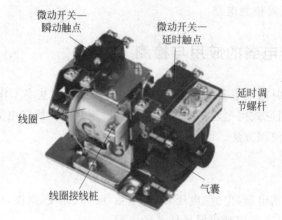

图 5-2　空气阻尼式时间继电器的外型结构

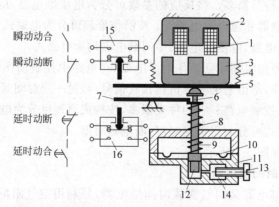

1—线圈；2—铁芯；3—衔铁；4—反力弹簧；5—推杆；6—活塞杆；
7—杠杆；8—塔形弹簧；9—弱弹簧；10—橡皮膜；11—空气室壁；
12—活塞；13—调节螺杆；14—进气孔；15,16—微动开关

图 5-3　通电延时型时间继电器的结构示意图

· 100 ·

项目五 三相异步电动机减压启动控制电路的安装与检测

1. 工作原理

在通电延时时间继电器中,当线圈 1 得电后,铁芯 2 将衔铁 3 吸合,瞬时触点迅速动作(推杆 5 使微动开关 16 立即动作),活塞杆 6 在塔形弹簧 8 作用下,带动活塞 12 及橡皮膜 10 向上移动,由于橡皮膜下方气室空气稀薄,形成负压,因此活塞杆 6 不能迅速上移。当空气由进气孔 14 进入时,活塞杆 6 才逐渐上移。当移到最上端时,延时触点动作(杠杆 7 使微动开关 15 动作),延时时间即为线圈得电开始至微动开关 15 动作为止的这段时间。通过调节螺杆 13 调节进气孔 14 的大小,就可以调节延时时间。

线圈断电时,衔铁 3 在复位弹簧 4 的作用下将活塞 12 推向最下端。因活塞被往下推时,橡皮膜下方气室内的空气都通过橡皮薄膜 10、弱弹簧 9 和活塞 12 肩部所形成的单向阀,经上气室缝隙顺利排掉,因此瞬时触点(微动开关 16)和延时触点(微动开关 15)均迅速复位。

2. 时间继电器线圈和触点符号

通电延时时间继电器的线圈和触点的符号如图 5-4 所示。

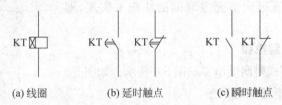

图 5-4 通电延时时间继电器符号

将电磁机构翻转 180°安装后,可形成断电延时时间继电器。它的工作原理与得电延时时间继电器的工作原理相似,线圈得电后,瞬时触点和延时触点均迅速动作;线圈失电后,瞬时触点迅速复位,延时触点延时复位。

断电延时时间继电器的线圈和触点的符号如图 5-5 所示。

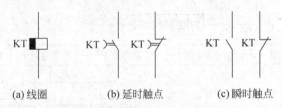

图 5-5 断电延时时间继电器符号

(二)电子式时间继电器

电子式时间继电器在时间继电器中已成为主流产品,电子式时间继电器是采用晶体管或集成电路和电子元件等构成。目前已有采用单片机控制的时间继电器。电子式时间继电器具有延时范围广、精度高、体积小、耐冲击和耐震动、调节方便及寿命长等优点,所以发展很快,应用广泛。如图 5-6 所示是 JS20 晶体管时间继电器。图 5-7 所示为 JS20 晶体管时间继电器原理图,该电路利用二极管(VD)整流把交流电变成直流电,经过电容(C_1)把脉动直流电变成较平滑的直流电,提供给单结晶体管触发电路,输出触发脉冲产生的时间主要由 C_2、R_1、RP 充电时间决

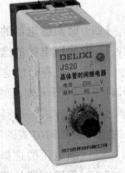

图 5-6 JS20 晶体管时间继电器

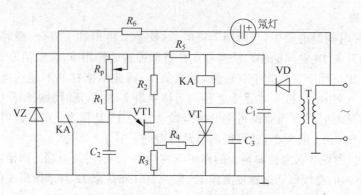

图 5-7　JS20 晶体管时间继电器原理图

定,触发脉冲提供给晶闸管(VT),使之导通,继电器(KA)得电,触点动作。通过分析可知,延时时间的长短可以通过调节充电时间的快慢来实现,即调节 R_P。

(三) 数字式时间继电器

JSS20-21AM 数字式时间继电器如图 5-8 所示。如图 5-9 所示是数字式时间继电器原理框图。

工作原理如下:接得电源后,经过时基电路分频将数字信号送到计数电路进行计数,当计数达到时限选择电路所整定的数字时,通过驱动电路使继电器 K 得电,带动其动合触点和动断触点动作,闭合或分断控制电路,同时向显时器发出显时信号,完成一次延时控制。

图 5-8　JSS20-21AM 数字式
　　　时间继电器

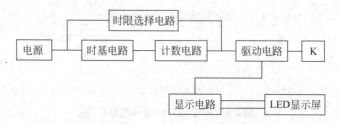

图 5-9　数字式时间继电器原理框图

(四) 时间继电器的选择与使用

1. 时间继电器的选择

① 类型选择:凡是对延时要求不高的场合,一般采用价格较低的 JS7-A 系列时间继电器,对于延时要求较高的场合,可采用 JS11、JS20 或 7PR 系列的时间继电器。

② 延时方式的选择:时间继电器有得电延时和继电延时两种,应根据控制电路的要求来选择一种延时方式的时间继电器。

③ 线圈电压的选择:根据控制电路电压来选择时间继电器吸引线圈的电压。

2. 时间继电器的使用

① JS7-A 系列时间继电器只要将线圈转动 180°即可将得电延时改为断电延时结构。

② JS7-A系列时间继电器由于无刻度，故不能准确地调整延时时间。

③ JS11-□1系列得电延时继电器，必须在分断离合器电磁铁线圈电源时才能调节延时值；而JS11-□2系列断电延时继电器，必须在接通离合器电磁铁线圈电源时才能调节延时值。

（五）时间继电器的型号和技术参数

（1）型号与含义

型号与含义如图5-10所示。

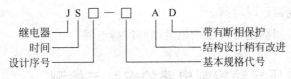

图5-10 时间继电器型号与含义

（2）技术参数

时间继电器的技术参数主要有：型号、吸引线圈电压（V）、触点额定电压（V）、触点额定电流（A）、延时触点数、瞬动触点、延时范围（s）。

（六）时间继电器的常见故障及修理方法

时间继电器在使用后有时会出现一些故障，常见的故障以及修理方法（以气囊式时间继电器为例）见表5-1。

表5-1 气囊式时间继电器的常见故障及修理方法

故障现象	产生原因	修理方法
延时触点不动作	1. 电磁铁线圈断线 2. 电源电压低于线圈额定电压很多 3. 电动式时间继电器的同步电动机线圈断线 4. 电动式时间继电器的棘爪无弹性，不能刹住棘齿 5. 电动式时间继电器游丝断裂	1. 更换线圈 2. 更换线圈或调高电源电压 3. 调换同步电动机 4. 调换棘爪 5. 调换游丝
延时时间缩短	1. 空气阻尼式时间继电器的气室装配不严，漏气 2. 空气阻尼式时间继电器的气室内橡皮薄膜损坏	1. 修理或调换气室 2. 调换橡皮薄膜
延时时间变长	1. 空气阻尼式时间继电器的气室内有灰尘，使气道阻塞 2. 电动式时间继电器的传动机构缺润滑油	1. 清除气室内灰尘，使气道畅通 2. 加入适量的润滑油

二、技能训练

（一）训练目的

① 认识常用时间继电器型号、作用。

② 知道时间继电器结构、动作原理，掌握时间继电器的拆装，并能对常见故障进行检修。

③ 能够正确选用时间继电器。

（二）训练器材

时间继电器、常用电工工具。

（三）训练内容与步骤

① 认识时间继电器的主要技术参数。

② 调节时间继电器延时时间。

③ 把通电延时时间继电器改成断电延时时间继电器。

任务二　Y-△减压启动控制电路的安装与检测

本任务主要介绍减压启动作用，减压起动分类，减压启动的基本原理，减压启动控制方法、工作过程，以及电动机Y-△减压启动控制电路的安装与检测。通过学习，掌握时间继电器的使用与安装，进一步认识行程开关的结构，掌握电力拖动控制电路安装的工艺要求，熟悉硬线安装方法，熟悉控制电路的一般检测、调试方法。

一、相关知识

电动机接通电源后由静止状态逐渐加速到稳定运行状态的过程，称为电动机的启动。三相鼠笼式异步电动机有全压启动和减压启动两种方式。若将额定电压直接加到电动机定子绕组上，使电动机启动，称为直接启动或全压启动。如前所述的三相异步电动机的单向运行控制电路和正反转控制电路均为全压启动方式。

全压启动所用电气设备少，电路简单，是一种简单、可靠、经济的启动方式。但是全压启动电流很大，可达电动机额定电流的4～7倍，过大的启动电流会使电网电压显著降低，直接影响在同一电网工作的其他设备的稳定运行，甚至使其他电动机停转或无法启动。因此，直接启动电动机的容量受到一定限制。可根据启动次数、电动机容量、供电变压器容量和机械设备是否允许来综合分析，也可由下面的经验公式来确定。

$$\frac{I_{ST}}{I_N} \leq \frac{3}{4} + \frac{S}{4P_N}$$

式中，I_{ST}——电动机启动电流，A；

　　I_N——电动机额定电流，A；

　　S——电源变压器容量，kV·A；

　　P_N——电动机额定功率，kW。

满足此条件可全压启动，通常电动机容量不超过电源变压器容量的15%～20%时或电动机容量较小时(10kW·A以下)，允许全压启动。

当电动机容量在10kW·A以上，或不满足公式上述经验公式时，应采用减压启动。有时为了减小和限制启动时对机械设备的冲击，即使允许采用全压启动的电机，也往往采用减

项目五　三相异步电动机减压启动控制电路的安装与检测

压启动。减压启动方法的实质就是在电源电压不变的情况下,启动时降低加在定子绕组上的电压,以减小启动电流;待电动机启动后,再将电压恢复到额定值,使电动机在额定电压下运行。

常用的三相鼠笼式异步电动机减压启动方式有以下四种:定子绕组串接电阻(或电抗器)减压启动、Y-△连接减压启动、自耦变压器减压启动、延边三角形启动。

(一) 串电阻减压启动

1. 串电阻减压启动工作原理

串电阻减压启动工作原理图如图 5-11 所示,减压启动时 KM1 先闭合,通过电阻的降压作用,减小定子绕组的电压,从而达到减压启动的目的。全压运行时,KM2 闭合,电阻被短接,使电动机全压运行。

2. 串电阻减压启动工作过程

如图 5-12 所示为串电阻减压启动控制电路,电路工作原理如下:

合上电源开关 QS,按下启动按钮 SB2,接触器 KM1 得电并自锁,同时时间继电器 KT 得电,电动机定子串入电阻 R 进行减压启动。经一段时间延时后,时间继电器 KT 的动合延时触点闭合,接触器 KM2 得电,三对主触点将主电路中的启动电阻 R 短接,电动机进入全电压运行。KT 的延时长短根据电动机启动过程时间长短来调整。

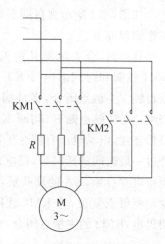

图 5-11　串电阻减压启动原理

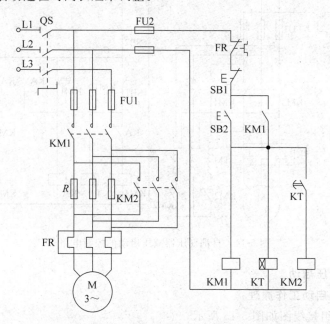

图 5-12　串电阻减压启动控制电路

（二）自耦变压器减压启动

1. 自耦变压器减压启动工作原理

自耦变压器减压启动原理图如图 5-13 所示，减压启动时 KM1 与 KM3 闭合，定子绕组从自耦变压器获得一个较低的电压，使电动机减压启动。全压运行时，KM1 与 KM3 先断开，然后 KM2 闭合，使电动机全压运行。

2. 自耦变压器减压启动工作过程

如图 5-14 所示为自耦变压器减压启动的控制电路，电路工作原理如下：

启动时，合上电源开关 QS，按下启动按钮 SB2，接触器 KM1 线圈和时间继电器 KT 线圈同时得电，由 KM1 自锁触点自锁。主触点闭合，将自耦变压器 TM 接入电动机的定子绕组；互锁触点断开，切断 KM2 线圈回路，使自耦变压器作星形连接，电动机由自耦变压器的二次侧供电实现减压启动。

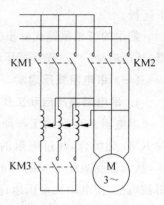

图 5-13 自耦变压器减压启动原理

经过一段时间的延时后，得电延时时间继电器 KT 的动合触点闭合，使中间继电器 KA 的线圈得电并自锁，KA 的动断触点断开，使 KM1 线圈失电，主触点断开，切除自耦变压器；辅助动断触点复位，为 KM2 线圈的得电作准备。KA 的动合触点闭合，使接触器 KM2 的线圈得电，KM2 的主触点闭合，电动机在全压下正常运行。

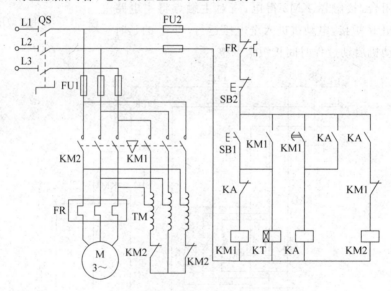

图 5-14 自耦变压器减压启动的控制电路

（三）Y-△减压启动

1. Y-△减压启动工作原理

Y-△定子绕组接线图如图 5-15 所示。

Y-△减压启动原理图如图 5-16 所示，启动时电动机接成星形（KM1、KM2 闭合），全压运行时，电动机接成三角型（KM1、KM3 闭合）。

项目五　三相异步电动机减压启动控制电路的安装与检测

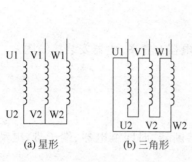

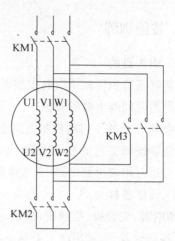

图 5-15　Y-△定子绕组接线图

图 5-16　Y-△减压启动原理图

2. Y-△减压启动工作过程

如图 5-17 所示为 Y-△减压启动的控制电路，启动时，合上电源开关 QS，按下启动按钮 SB2，接触器 KM2 线圈和时间继电器 KT 线圈同时得电，KM2 主触点闭合，电动机接成星形，KM2 辅助动断触点断开，对 KM3 实现互锁，KM2 动合闭合，使 KM1 接触器线圈得电，KM1 主触点闭合，电动机减压启动。KM2 辅助动合触点闭合实现自锁，经过一段时间的延时后，得电延时时间继电器 KT 的动断触点断开，KM2 线圈失电，KM2 动合辅助触点恢复断开，使 KT 线圈失电；KM2 辅助动合触点恢复闭合，使 KM3 线圈得电，KM3 辅助动断触点断开，对 KM2 实现互锁，KM3 主触点闭合，电动机接成三角形全压运行。

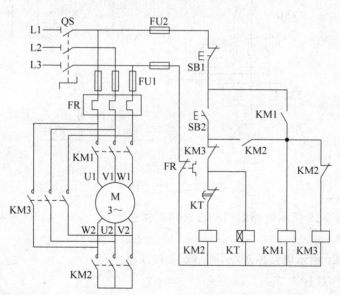

图 5-17　Y-△减压启动控制电路

二、技能训练

(一) 训练目的

① 能够正确识读减压启动控制电路。
② 熟悉时间继电器的安装。
③ 会画Y-△减压启动控制电路电气原理图、电器布置图、电器安装接线图。
④ 能够按照工艺要求,使用硬线安装电路。
⑤ 会用万用表检测电路,会通电调试电路。

(二) 训练器材

三相电源、安装板、接触器、按钮、热继电器、熔断器、时间继电器、端子排、电动机、硬导线若干、编码管若干、常用电工工具。

(三) 训练内容与步骤

1. 训练内容

① 分析如图 5-18 所示电路的启动方式和工作过程。

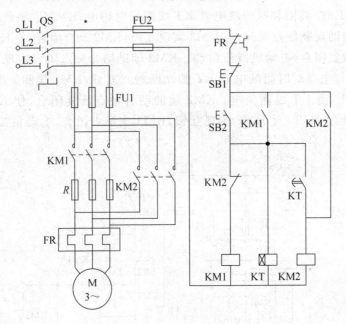

图 5-18 分析电路一

② 分析如图 5-19 所示电路的启动方式和工作过程。

2. 训练步骤

分析如图 5-20 所示电路原理图,画出安装接线图。

(1) 分析工作过程

自行分析。

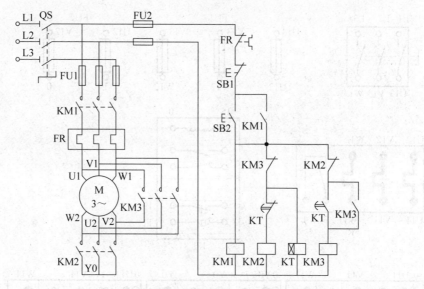

图 5-19 分析电路二

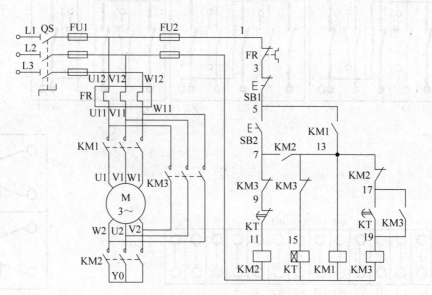

图 5-20 丫-△减压启动控制电路

（2）绘制安装简易接线图

接线路如图 5-21 所示。

（3）电路安装

电路安装要求：

① 元件应排列整齐、布局合理、安装可靠。

② 电路布线合理、美观。

③ 走线横平、竖直、美观。

④ 接线规范、无反圈、压皮、松动。

电力拖动技术训练

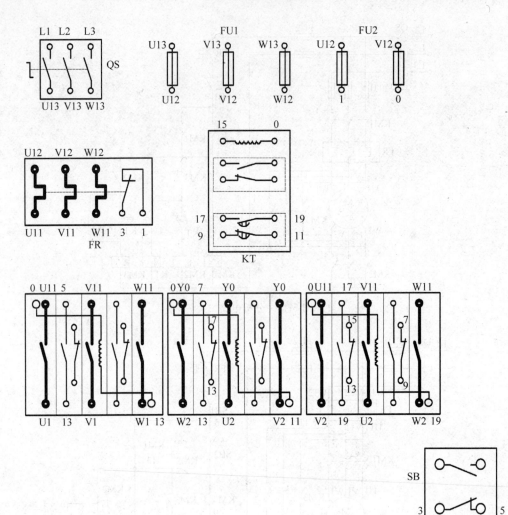

图 5-21 Y-△减压启动控制电路的接线图

⑤ 按图编码。

得电测试电路要求：

① 按照电路图与安装图正确安装好电路。

② 利用万用表简单检测电路是否正确。

③ 得电测试电路是否正确。

3. 注意事项

① 接线完成后要先用万用表对电路进行初步检查。

② 装接中应当标明各线的号码。
③ 装接中要注意电路的接法是否正确。

项目评价

完成任务一、任务二的学习与技能训练后，填写表 5-2 所列项目评价表。

表 5-2 项目五评价表

训练课题					姓名	
开始时间			结束时间		工位号	
序号	项目	配分	评分标准及要求			扣分
1	时间继电器的拆装与检测	10	不会拆、装时间继电器，或是拆装时损坏时间继电器，1 次扣 5 分。不会用万用表检测装好后的时间继电器质量，扣 5 分			
2	减压启动电路的识读	5	不会正确识读减压启动电路，错一次扣 1 分			
3	元器件清点、选择	5	清点、选择元器件，填写电器元器件明细表，每填错一个元器件扣 3 分			
4	元器件测试	5	在 20min 内对主要器材测试。如有损坏，应及时报告老师。在训练中作损坏元件处理，每损坏一个电器元件扣 5 分			
5	绘制电路安装接线图	10	图纸整洁、画图正确。所画图形、符号每一处不规范扣 2 分；少一处标号扣 2 分			
6	布线	30	不同规格导线的使用	每错一根扣 2 分		
			接线工艺	导线不平直、损伤导线绝缘层、未贴板走线或导线交叉，每根扣 2 分		
			元件安装正确	缺螺钉，每一处扣 2 分		
			电气接触	接线错误（含未接线）、接触不良、接点松动，每处扣 4 分		
			线头旋向错误	每处扣 2 分		
			连接点处理	导线接头过长或过短，每处扣 4 分		
			接线端子排列	不规范、不正确，每处扣 2 分		
7	得电试车（试车前，用万用表检查电路）	25	不能启动	扣 20 分		
			Y-△不能转换	扣 10 分		
			时间调整不合适	扣 10 分		
			不试车或试车不成功后不再试车	共扣 30 分		
8	时间		操作时间 180min。规定最多可超时 20min	超时前 10min 内（含 10min）扣 10 分；后 10min 内再扣 20 分。超时满 20min 后，不得继续操作		

续表

序号	项目	配分	评分标准及要求		扣分
9	安全、文明规范	10	操作台不整洁	扣5分	
			工具、器件摆放凌乱	扣5分	
			发生一般事故：如带电操作（不包括得电试车）、训练中有大声喧哗等影响他人的行为等	每次扣5分	
			发生重大事故：如短路、烧坏器件等	本次技能考试总成绩以0分计	
备注			每一项最高扣分不应超过该项配分（除发生重大事故）	总成绩	
突出成绩					
主要问题					

知识拓展 认识三相绕线式异步电动机启动控制电路

三相绕线式异步电动机的转子中有三相绕组，通常接成星形，三尾端短接，三首端通过滑环引到外电路，通过滑环可以在转子电路中串接外加电阻或频敏变阻器，从而达到减小启动电流和提高启动转矩的目的。绕线式异步电动机适用于要求启动转矩大及调速平稳的场合。按照启动过程中转子串接装置的不同，分为串电阻启动和串频敏变阻器启动两种启动方式。

一、转子绕组串电阻启动控制电路

串接在转子回路中的启动电阻，一般均接成星形。启动时，启动电阻全部接入，启动过程中，启动电阻逐段被短接。电阻短接的方式有三相电阻平衡短接法和三相电阻不平衡短接法。凡是用接触器控制被短接电阻时，都采用平衡短接法。所谓平衡短接，就是指每相启动电阻同时被短接。

绕线式异步电动机转子回路串电阻启动主要有两种类型：一种是按过程中转子电流变化的电流原则逐段切除转子外加电阻，另一种是按所需启动时间的时间原则逐段切除转子外加电阻。

1. 电流原则控制绕线式异步电动机转子串电阻启动控制电路

如图5-22所示是电流原则控制绕线式异步电动机转子串电阻三级启动控制电路。图中，KM4为电源接触器；KM1、KM2、KM3为短接转子电阻接触器；R_1、R_2、R_3为转子外接电阻；KA为中间继电器；KI1、KI2、KI3为欠电流继电器。在启动瞬间，转子转速为零，转子电流最大，三个电流继电器同时全部吸合，随着转子转速的逐渐提高，转子电流逐渐减小，KI1、KI2、KI3依次动作，完成逐段切除启动电阻的工作。

如图5-22所示电路工作原理如下：

项目五 三相异步电动机减压启动控制电路的安装与检测

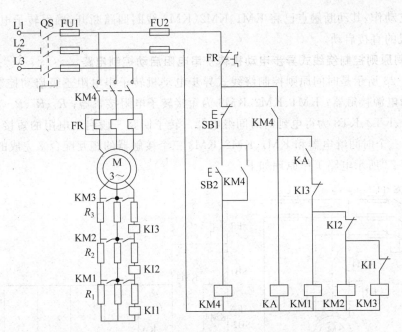

图 5-22 电流原则控制绕线式异步电动机转子串电阻启动控制电路

合上电源开关 QS,按下启动按钮 SB2,接触器 KM4 线圈得电并自锁,KM4 主触点闭合,将三相电源接入电动机定子绕组,转子串入 R_1、R_2、R_3 全部电阻启动;同时 KM4 辅助动合触点闭合,使中间继电器 KA 线圈得电,KA 动合触点全部闭合,为接触器 KM1、KM2、KM3 线圈的得电作准备。由于刚启动时电动机转速很小,转子绕组电流很大,三个电流继电器 KI1、KI2、KI3 吸合电流一样,故同时吸合动作,动断触点同时断开,使 KM1、KM2、KM3 线圈均处于断电状态,保证所有转子电阻都串入转子电路,达到限制启动电流和提高启动转矩的目的。

在启动过程中,随着电动机转速的升高,启动电流逐渐减小,而三个电流继电器的释放电流不同,KI1 释放电流最大,KI2 次之,KI3 最小。所以,当启动电流减小到 KI1 释放电流值时,KI1 首先释放,其动断触点复位闭合,使接触器 KM1 线圈得电,KM1 的主触点闭合,短接一段电阻 R_1;由于电阻被短接,转子电流增加,启动转矩增大,致使转速又加快上升,这又使得转子电流下降,当降低到 KI2 的释放电流时,KI2 接着释放,其动断触点复位闭合,使接触器 KM2 线圈得电,KM2 主触点闭合,短接第二段转子电阻 R_2;随着电动机的转速不断增加,转子电流进一步减小,直至 KI3 释放,接触器 KM3 线圈得电,KM3 主触点闭合,短接第三段转子电阻 R_3;至此,转子电阻全部被短接,电动机启动过程结束。

为保证电动机转子串入全部电阻启动,控制电路中设置了中间继电器 KA。如果没有 KA,KM4 线圈得电后,当启动电流由零上升在尚未到达电流继电器的吸合值时,KI1、KI2、KI3 未吸合动作,其动断触点仍然闭合,将使 KM1、KM2、KM3 线圈同时得电,转子电阻将被全部短接,电动机进行直接启动。而设置了中间继电器 KA 后,KM4 线圈得电,其动合触点闭合,使 KA 线圈得电,再使 KA 动合触点闭合,在这之前启动电流已到达电流继电器的吸合值并已动作,其动断触点已将 KM1、KM2、KM3 线圈回路断开,确保转子电路串入,避免了电动机的直接启动。

2. 时间原则控制绕线式异步电动机转子串电阻启动控制电路

如图 5-23 所示是时间原则控制绕线式异步电动机转子串电阻三级启动控制电路。图中,KM4 为电源接触器;KM1、KM2、KM3 为短接转子电阻接触器;R_1、R_2、R_3 为转子外接电阻;KT1、KT2、KT3 为得电延时时间继电器。转子回路三段启动电阻的短接是靠 KT1、KT2、KT3 三个时间继电器和 KM1、KM2、KM3 三个接触器的相互配合来完成的。

如图 5-23 所示电路工作原理如下:

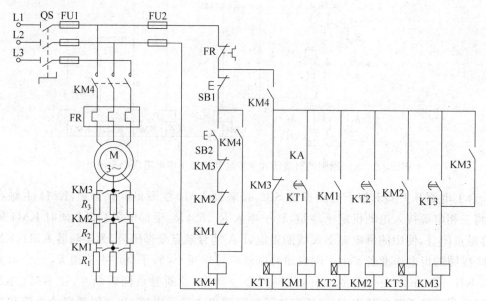

图 5-23　时间原则控制绕线式异步电动机转子串电阻启动控制电路

当按下启动按钮 SB2 后,接触器 KM4 线圈得电并自锁,KM4 主触点闭合,电动机接通电源;KM4 动合触点闭合,使时间继电器 KT1 线圈得电,但是其触点未动作,KM1、KM2、KM3 线圈均未得电,因此电动机转子串全部电阻启动。经过一段时间的延时后,KT1 动合触点闭合,KM1 线圈得电,KM1 主触点闭合,电阻 R_1 被短接;同时 KM1 的辅助动合触点闭合,使时间继电器 KT2 线圈得电,经过一段时间的延时后,KT2 动合触点闭合,KT2 动合触点闭合,KM2 线圈得电,KM2 主触点闭合,电阻 R_2 被短接;同时 KM2 辅助动合触点闭合,使时间继电器 KT3 线圈得电,经过一段时间的延时后,KT3 动合触点闭合,KT3 动合触点闭合,KM3 线圈得电并自锁,KM3 主触点闭合,电阻 R_3 被短接,KM3 辅助动断触点断开,使 KT1、KM1、KT2、KM2、KT3 线圈依次断电。至此所有电阻被短接,电动机启动结束,进入正常运行。

本控制电路设置了保证电动机正常启动与延长有关电器寿命的两项措施。其一,接触器 KM1、KM2、KM3 动断触点与启动按钮 SB2 相串联,可以保证只有在转子电路已经接入全部电阻的条件下,方能进行电动机的启动。其二,利用接触器 KM3 的动断触点设置对时间继电器 KT1 线圈回路的互锁,确保当 KM3 得电后使电路中的 KT1、KT2、KT3、KM1 和

KM2 均断电。这样在电动机正常运行时,控制电路中仅仅是 KM3 和 KM4 长期得电工作,不但有利于延长有关电器的使用寿命,而且有利于节能。

以上两种控制电路,转子电阻均在启动过程中逐段切除,其结果造成电流和转矩发生突然变化,因而对电动机转轴会产生机械冲击。

二、转子绕组串频敏变阻器启动控制电路

采用转子绕组串电阻启动方法,使用的电器较多,控制电路复杂,启动电阻体积较大,特别是在启动过程中,启动电阻的逐段切除,使启动电流和启动转矩瞬间增大,导致机械冲击。为了改善电动机的启动性能,获取较理想的机械特性,简化控制电路及提高工作可靠性,绕线式异步电动机可以采取转子绕组串频敏变阻器的方法来启动。

1. 频敏变阻器简介

频敏变阻器是一种静止的、无触点的电磁元件,其电阻值随频率变化而变化。异步电动机在启动过程中,转子电路的频率随转速升高而下降,因而在转速低时电流频率高,每相转子阻抗 Z 值大;转速升高时电流频率低,每相转子阻抗 Z 值小。因此,频敏变阻器的频率特性非常适合控制绕线式异步电动机的启动过程,完全可以取代转子绕组串电阻启动中各段电阻。

当绕线式异步电动机用串频敏变阻器的方法启动时,其阻抗随转速升高而简化地自动减小,因而可以实现平滑无级启动。所以,频敏变阻器是绕线式异步电动机较理想的启动装置,常用于较大容量的此种类型电动机的启动控制中。

2. 转子串频敏变阻器启动控制电路

(1) 单向运行电动机串接频敏变阻器启动自动控制电路

如图 5-24 所示为电动机单方向旋转,转子串接频敏变阻器自动短接的控制电路。图中,Rf 为频敏变阻器,KM1 为电源接触器,KM2 为短接频敏变阻器的接触器,KT 为时间继电器。

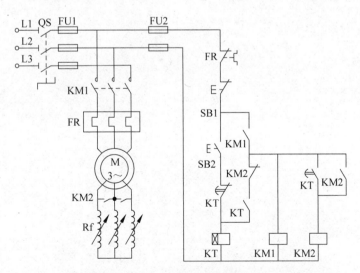

图 5-24 单向运行电动机串接频敏变阻器启动自动控制电路

(2) 单向运行电动机串接频敏变阻器自动控制电路工作原理

图 5-24 所示电路工作原理如下：

合上电源开关 QS，按下启动按钮 SB2，时间继电器 KT 线圈得电，KT 瞬时触点闭合，接触器 KM1 线圈得电，KM1 辅助动合触点闭合，使 KT、KM1 线圈持续得电，KM1 主触点闭合，电动机定子绕组接得电源，转子接入频敏变阻器启动。随着电动机的转速平稳上升，频敏变阻器的阻抗逐渐自动下降，当转速上升到接近稳定转速时，时间继电器的延时时间已到，触点动作，接触器 KM2 线圈得电并自锁，KM2 主触点闭合，将频敏变阻器短接，电动机进入正常运行。KM3 动断辅助触点断开，KA 线圈失电，FR 起过载保护作用。

思考与练习五

5.1　时间继电器在电气控制电路中有什么作用？
5.2　怎样调节时间继电器延时动作时间？
5.3　电子式时间继电器有什么优点？
5.4　怎样选择与使用时间继电器？
5.5　怎样把通电延时时间继电器（气囊式）改成断电延时时间继电器？
5.6　电动机减压启动作用是什么？
5.7　常用的三相鼠笼式异步电动机减压启动方式有几种？
5.8　叙述丫-△减压启动原理。
5.9　绕线式异步电动机有什么优点？

项目六　三相异步电动机制动控制电路的安装与检测

知识目标：
① 能简述速度继电器的作用、分类、结构、工作原理、选择与使用方法。
② 能画出速度继电器的图形符号，并写出其文字符号。
③ 能解释速度继电器型号的含义。
④ 能叙述制动电路的作用、分类。
⑤ 能分析各种制动电路的工作过程。

能力目标：
① 会拆装速度继电器，并进行简单的检测。
② 会画出制动电路的安装电路图。
③ 会根据工艺要求安装能耗制动控制线路。
④ 会用万用表正确检测电路。

任务一　速度继电器的拆装与检修

本任务主要介绍速度继电器的作用、结构、原理、使用方法，介绍速度继电器的相关参数和速度继电器的选择与使用。

一、相关知识

速度继电器是用来反映转速与转向变化的继电器。它是按照被控电动机转速的大小使控制电路接通或断开的电器。速度继电器通常与接触器配合，实现对电动机的反接制动。

速度继电器主要由转子、定子和触点等部分组成，转子是一个圆柱形永久磁铁，定子是一个笼形空心圆环，并装有笼形绕组。其外形、结构示意图和符号分别如图 6-1 到图 6-3 所示。

图 6-1　速度继电器外形

1. 工作原理

速度继电器的转轴和电动机的轴通过联轴器相连，当电动机转动时，速度继电器的转子随之转动，定子内的绕组便切割磁力线，产生感应电动势，而后产生感应电流，此电流与转子

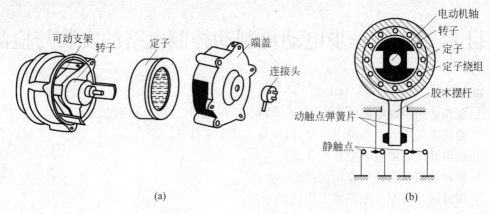

图 6-2　速度继电器结构示意图

图 6-3　速度继电器符号

磁场作用产生转矩,使定子开始转动。电动机转速达到某一值时,产生的转矩能使定子转到一定角度使摆杆推动动断触点动作;当电动机转速低于某一值或停转时,定子产生的转矩会减小或消失,触点在弹簧的作用下复位。

同理,电动机反转时,定子会往反方向转过一个角度,使另外一组触点动作。可以通过观察速度继电器触点的动作与否,来判断电动机的转向与转速,它经常被用在电动机的反接制动回路中。

当电动机的转速高于 120r/min 时,其动断触点断开,动合触点闭合。当电动机的转速低于 100r/min 时,其动合触点断开,动断触点闭合。也就是说其触点的通断是由电动机的转速决定的。

常用的速度继电器有 JY1 型和 JFZ0 型两种。其中 JY11 型可在 700~3600r/min 范围内可靠地工作。JFZ0—1 型适用于转速为 300~1000r/min;JFZ0—2 型适用于转速为 1000~3600r/min。JFZ0 型具有两对动合触点、两对动断触点,触点额定电压为 380V,额定电流为 2A。一般,速度继电器转速在 130r/min 左右即能动作;100r/min 时触点即能恢复正常位置。通过调节整定螺钉可改变速度继电器的动作转速,以适应控制电路的要求。

2. 速度继电器的选择与使用

(1) 速度继电器的选择

速度继电器主要根据电动机的额定转速来选择。

(2) 速度继电器的使用

① 速度继电器的转轴应与电动机同轴连接。

② 速度继电器安装接线时,正反向的触点不能接错,否则不能起到反接制动时接通和

断开反向电源的作用。

3. 速度继电器的型号与含义

速度继电器的型号与含义如图 6-4 所示。

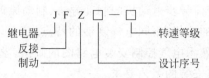

图 6-4　速度继电器的型号与含义

4. 速度继电器的常见故障及修理方法

速度继电器在长期使用后会出现各种故障，常见故障及修理方法见表 6-1。

表 6-1　速度继电器的常见故障及修理方法

故 障 现 象	故 障 原 因	排 除 方 法
制动时速度继电器失效，电动机不能制动	1. 速度继电器胶木摆杆断裂 2. 速度继电器动合触点接触不良 3. 弹性动触片断裂或失去弹性 4. 触点处导线松脱 5. 摆杆卡住或损坏	1. 调换胶木摆杆 2. 清洗触点表面油污 3. 调换弹性动触片 4. 拧紧松脱导线 5. 排除卡住故障或更换摆杆
电动机制动效果不好	速度继电器设定值过高	通过调节整定螺钉来调节速度继电器的动作值
电动机反向制动后继续往反方向转动	触点粘连未及时断开	修理或更换触点

二、技能训练

（一）训练目的

① 会拆装速度继电器。

② 认识速度继电器的结构、符号。

③ 会调节速度继电器触点动作的速度。

（二）训练器材

速度继电器、常用电工工具等。

（三）训练内容与步骤

① 拆开速度继电器后盖。

② 观察速度继电器的动合触点、动断触点。

③ 顺时针转动速度继电器的转子，观察速度继电器触点的动作情况。

④ 逆时针转动速度继电器的转子，观察速度继电器触点的动作情况。

⑤ 调节整定螺钉来调节速度继电器的动作值，转动速度继电器的转子，观察速度继电器触点的动作情况。

任务二　电动机能耗制动控制电路的安装与检测

本任务主要介绍三相交流异步电动机的制动方法、制动原理,电气制动控制电路工作过程分析,电气制动控制元件的选择,不同电气制动的特点,正反转能耗制动控制电路的安装与检测。通过学习,进一步熟悉电气控制安装电路图的画法,熟悉电路的安装与检测,进一步巩固和掌握电气控制电路安装的工艺要求。

一、相关知识

三相交流异步电动机的定子绕组切除电源后,由于惯性作用,电动机需经一定时间才停止旋转,这往往不能满足某些生产机械的工艺要求,也影响生产率的提高,并造成运动部件停位不准确,工作不安全。为此,应对拖动电动机采取有效的制动措施。

(一) 制动

所谓制动,就是给电动机一个与转动方向相反的转矩使它迅速停转(或限制其转速)。

一般采用的制动方法有机械制动与电气制动。机械制动是利用外加的机械作用力使电动机转子迅速停止的一种方法。电气制动是使电动机工作在制动状态,即使电动机电磁转矩方向与电动机旋转方向相反,起制动作用。

电气制动有反接制动、能耗制动、电容制动与回馈制动。前三种制动能够使电动机转速迅速下降至零,而回馈制动是电动机运行在再生发电状态,即其转子在外加转矩作用下超过同步转速,使电动机电磁转矩方向与转子旋转方向相反,从而限制电动机转速不致过高,即不致高出电动机同步转速过多。也就是说,回馈制动仅起限制转速的作用。

(二) 机械制动

机械制动是利用机械装置使电动机在断电后迅速停止的方式,最常用的是电磁抱闸(制动电磁铁)制动装置,其结构如图6-5所示。

电磁抱闸分为得电制动和断电制动两种。得电制动是指线圈得电时,闸瓦紧紧抱住闸轮,实现制动。而断电制动是指当线圈断电时,闸瓦紧紧抱住闸轮,实现制动。如图6-6所示是常见电磁制动器的实物图。

1. 电磁抱闸断电制动

电磁抱闸断电制动控制电路如图6-7所示。此

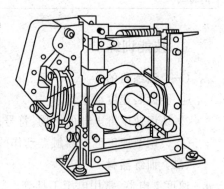

图6-5　电磁抱闸制动装置

电路的工作原理是:当电路未得电时,闸瓦和闸轮紧紧抱住,使电动机制动。当按下启动按钮SB2时,KM线圈得电,三相主触点闭合,使电磁铁YB得电,吸引衔铁克服弹簧力,使杠杆向上移动,闸瓦和闸轮分开,电动机启动运行。需要停止时,按下停止按钮SB1,KM线圈断电,YB断电,杠杆在弹簧作用下向上移动,闸瓦抱住闸轮,使电动机迅速停下来。

项目六　三相异步电动机制动控制电路的安装与检测

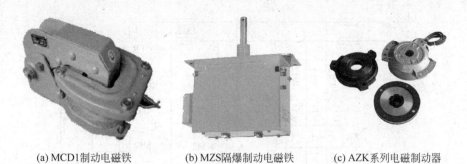

(a) MCD1制动电磁铁　　　(b) MZS隔爆制动电磁铁　　　(c) AZK系列电磁制动器

图 6-6　常见电磁制动器的实物图

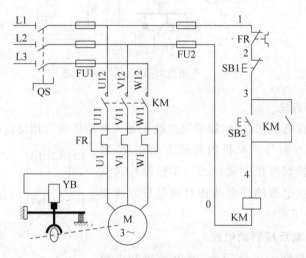

图 6-7　电磁抱闸断电制动控制电路

2. 电磁抱闸得电制动

电磁抱闸断电制动其闸瓦紧紧抱住闸轮，此时若想手动调整工件是很困难的。因此，对电动机制动后仍想调整工件的相对位置的机床设备就不能采用断电制动，相应地应采用得电制动控制，其电路如图 6-8 所示。当电动机得电运转时，电磁抱闸线圈无法得电，闸瓦与闸轮分开无制动作用；当电动机需停转按下停止按钮 SB1 时，复合按钮 SB1 的动断触点先断开 KM1 线圈，KM1 主、辅触点恢复无电状态，结束正常运行并为 KM2 线圈得电作好准备。经过一定的行程 SB1 的动合触点接通 KM2 线圈，其主触点闭合电磁抱闸的线圈得电，使闸瓦紧紧抱住闸轮制动。当电动机处于停转常态时，电磁抱闸线圈也无电，闸瓦与闸轮分开，这样操作人员可扳动主轴调整工件或对刀等。

（三）反接制动

1. 反接制动的工作原理

当电动机工作在电动状态时，通入一定相序的三相交流电产生的电磁力矩的方向与电动机的旋转方向一致。当改变通入电动机的三相交流电的相序时，电动机产生的电磁力矩的方向也将改变。利用这一原理可以实现电动机的反转或反接制动。

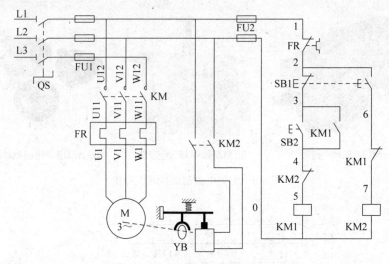

图 6-8　电磁抱闸得电制动控制电路

2. 反接制动的方法

当电动机工作在电动状态时,如果突然改变通入电动机的三相交流电的相序,则电动机产生的电磁转矩的方向与电动机的旋转方向相反,电动机从电动状态转换到反接制动状态。实际操作时只要将电动机三相交流电源的任意两相对调就可以改变电源相序,如图 6-9 所示。

3. 串电阻来限制反接制动电流

由于反接制动瞬间的电流很大,对电动机和电源形成冲击,有一定危害,所以反接制动时,需要在电动机的定子回路中串接一定的电阻来限制反接制动的电流。

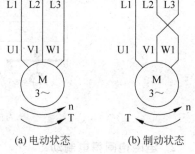

图 6-9　反接制动

4. 利用速度继电器来控制制动过程结束

改变通入电动机的三相交流电的相序,电动机产生的电磁力矩的方向与电动机的旋转方向相反,一方面可以对电动机进行反接制动,另一方面反接制动结束,电动机的转速变为零时,如果不及时切断电动机的三相交流电源,电动机还会继续反向旋转。所以,当电动机的转速接近零时,需要及时切断电动机的三相交流电源。即需要有控制制动过程结束的器件——速度继电器。

5. 单向运行反接制动控制电路

反接制动的关键在于电动机电源相序的改变,且当转速下降接近于零时,能自动将电源切除。为此采用了速度继电器来自动检测电动机的速度变化。在 120~3000r/min 范围内速度继电器触点动作,当转速低于 100r/min 时,其触点恢复原位。

如图 6-10 所示为单向反接制动控制电路。图中,KM1 为单向运行接触器,KM2 为反接制动接触器,KV 为速度继电器,R 为反接制动电阻。

电路原理：启动时，按下启动按钮 SB2，接触器 KM1 线圈得电并自锁，KM1 主触头闭合，电动机 M 得电运行。电动机启动运转转速达到 120r/min 时，速度继电器 KV 的动合触点闭合，为反接制动作好准备。停车时，按下停止按钮 SB1，KM1 线圈断电，电动机 M 脱离电源，由于此时电动机的惯性，转速仍较高，KV 的动合触点仍处于闭合状态，所以 SB1 动合触点闭合时，反接制动接触器 KM2 线圈得电并自锁，其主触点闭合，使电动机得到相序相反的三相交流电源，进入反接制动状态，转速迅速下降。当转速低于 100r/min 时，速度继电器动合触点复位，接触器 KM2 线圈断电，反接制动结束。

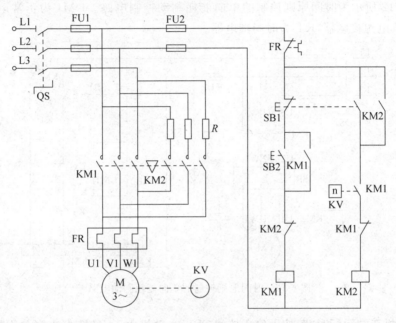

图 6-10　速度继电器控制单向反接制动控制电路

6. 反接制动的特点及应用

反接制动的制动转矩大，制动效果显著，但制动时有冲击，制动不平稳，而且能量损耗大。通常适用于要求制动迅速、制动不频繁且电动机容量在 10kV·A 以下的小容量电动机。

（四）能耗制动

1. 能耗制动原理

能耗制动也是常用的电气制动方法之一。停机时，在切断电动机三相电源的同时，给电动机定子绕组任意两相间加一直流电源，以形成恒定磁场，此时电动机的转子由于惯性仍继续旋转，转子导体将切割恒定磁场产生感应电流。载流导体在恒定磁场作用下产生的电磁转矩，与转子惯性转动方向相反，成为制动转矩，使电动机迅速停机，其原理如图 6-11 所示。由于这种制动方法是消耗转子的动能来制动的，所以称为能耗制动。

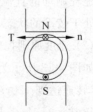

图 6-11　能耗制动原理

2. 控制要求

主要控制三相异步电动机在停车时能自动进入能耗制动状态(脱离三相交流电接入直流电),实现快速停车,停车后所有线圈均失电,相关触点均处于常态。当电动机转速接近零时,同样需要及时切断电源,控制能耗制动过程的结束可以通过速度继电器或者时间继电器来实现。

3. 能耗制动控制电路分析

(1) 时间原则控制的能耗制动电路

如图 6-12 所示为时间原则控制的单向能耗制动控制电路。KM1 为正常运行接触器,KM2 为直流电源接触器,KT 为时间继电器。

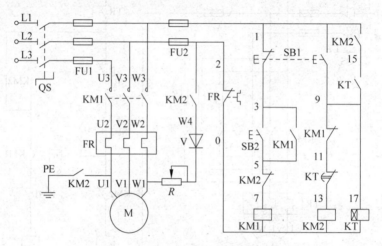

图 6-12 时间原则控制的单向能耗制动电路

在电动机正常运行时,若按下停止按钮 SB1,电动机由于 KM1 断电释放而脱离三相交流电源。直流电源则由于接触器 KM2 线圈得电,主触点闭合接通交流电源并通过单相半波整流变成直流提供给定子绕组,电动机进入能耗制动状态。时间继电器 KT 线圈与 KM2 线圈同时得电并自锁。当其转子的惯性速度接近零时,时间继电器延时打开的动断触点断开接触器 KM2 的线圈电路。由于 KM2 动合辅助触点的复位,时间继电器 KT 线圈的电源也被断开,电动机能耗制动结束。图中 KT 的瞬时动合触点的作用是为了考虑 KT 线圈断线或机械卡住故障时,电动机在按下按钮 SB1 后能迅速制动,两相的定子绕组不致长期接入能耗制动的直流电流。此时该电路具有手动控制能耗制动的能力,只要使停止按钮 SB1 处于按下的状态,电动机就能实现能耗制动。

(2) 速度原则控制的能耗制动电路

如图 6-13 所示为速度原则控制的正反转能耗制动控制电路。当电动机正转(或反转)启动,转速达到 120r/min 时,速度继电器 KV1(或 KV2)闭合,为能耗制动作准备。在电动机正常运行时,若按下停止按钮 SB1,电动机由于 KM1(或 KM2)断电释放而脱离三相交流电源。直流电源则由于接触器 KM3 线圈得电,主触点闭合接通交流并通过单相桥式整流变成直流提供给定子绕组,电动机进入能耗制动状态。当电动机转子的惯性速度

项目六 三相异步电动机制动控制电路的安装与检测

接近100r/min时，KV1（或KV2）动合触点复位，接触器KM3线圈断电而释放，能耗制动结束。

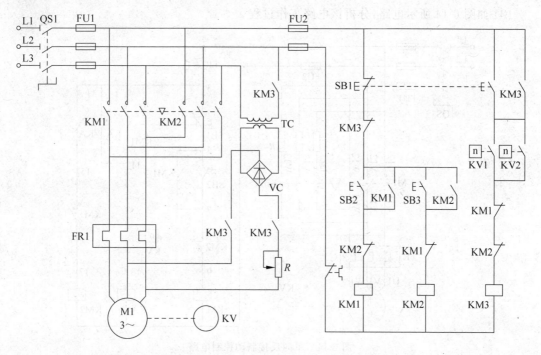

图6-13 速度原则控制的能耗制动电路

4. 能耗制动的特点及应用

能耗制动与反接制动相比，制动平稳、准确，能量消耗小，但制动力矩较弱，特别在低速时制动效果差，并且还需要提供直流电源。适用于要求平稳制动、停位准确的场合。

二、技能训练

（一）训练目的

① 能够正确识读制动控制电路。
② 会处理得电延时与断电延时，会调节延时时间。
③ 会画电气原理图、电器布置图、电器安装接线图。
④ 能够按照工艺要求，使用硬线安装电路。
⑤ 会用万用表检测电路，会通电调试电路。

（二）训练器材

三相电源、安装板、接触器、按钮、热继电器、熔断器、时间继电器、端子排、电动机、硬导线若干、编码管若干、常用电工工具。

电力拖动技术训练

(三) 训练内容与步骤

1. 分析电路工作过程

① 如图 6-14 所示电路,分析该电路工作过程。

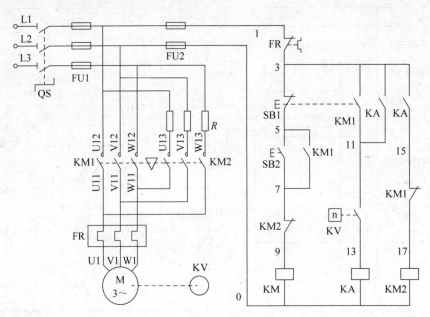

图 6-14 单向反接制动控制电路

② 如图 6-15 所示电路,分析该电路工作过程。

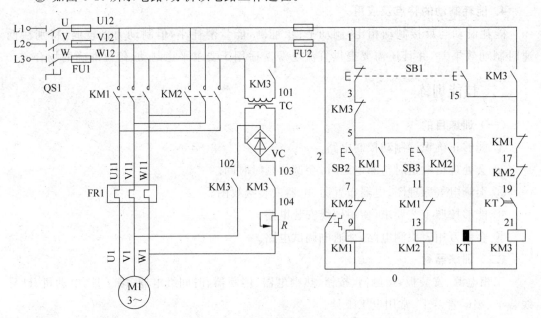

图 6-15 正反转能耗制动控制电路

项目六 三相异步电动机制动控制电路的安装与检测

2. 分析电路并画安装接线图

分析如图 6-16 所示电路,画出该电路对应的安装接线图。

(1) 分析工作过程

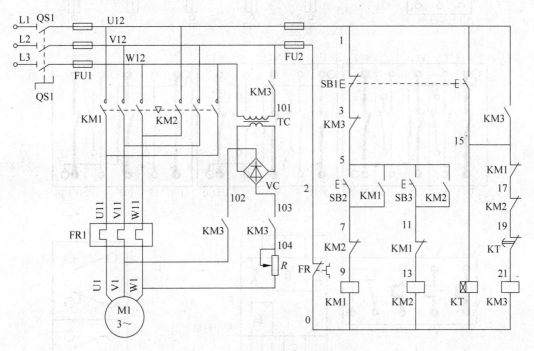

图 6-16 正反转能耗制动控制电路

(2) 画出安装简易接线图

安装简易接线图如图 6-17 所示。

(3) 电路安装与检测

① 电路安装要求。

- 元件安装:排列整齐、布局合理、安装可靠。
- 电路布局:布线合理、美观。
- 走线:横平、竖直、美观。
- 接线:规范、无反圈、压皮、松动。
- 编码:按图编码。

② 得电测试电路要求。

- 按照电路图与安装图正确安装好电路。
- 利用万用表简单检测电路是否正确。
- 得电测试电路是否正确。

(4) 注意事项

① 接线完成要先用万用表对电路进行初步检查。

② 装接中应当标明各线的号码。

③ 装接中要注意电路的接法是否正确。

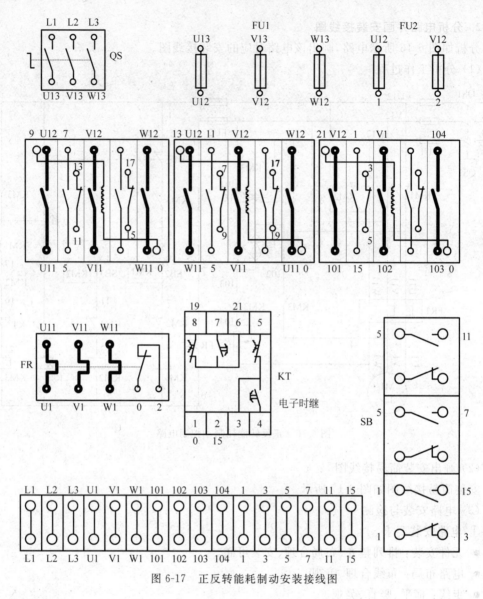

图 6-17 正反转能耗制动安装接线图

项目评价

完成任务一、任务二的学习与技能训练后,填写表 6-2 所列项目评价表。

表 6-2 项目六评价表

训练课题					姓　名	
开始时间			结束时间		工位号	
序号	项目	配分	评分标准及要求			扣分
1	速度继电器的拆装与检测	10	不会拆、装速度继电器,或是拆装时损坏速度继电器,1 次扣 5 分。不会用万用表检测装好后的速度继电器质量,扣 5 分			

项目六 三相异步电动机制动控制电路的安装与检测

续表

序号	项目	配分	评分标准及要求		扣分
2	识读正反转能耗制动电路	5	不会正确识读正反转能耗制动电路,错一次扣1分		
3	元器件清点、选择	5	清点、选择元器件,填写电器元器件明细表。每填错一个元器件扣3分		
4	元器件测试	5	在操作20min内,对主要器材测试。如有损坏,应及时报告老师。在训练中作损坏元件处理,每损坏一个电器元件扣5分		
5	绘制电路安装接线图	10	图纸整洁、画图正确。所画图形、符号每一处不规范扣2分;少一处标号扣2分		
6	布线	30	不同规格导线的使用	每错一根扣2分	
			接线工艺	导线不平直、损伤导线绝缘层、未贴板走线或导线交叉,每根扣2分	
			元件安装正确	缺螺钉,每一处扣2分	
			电气接触	接线错误(含未接线)、接触不良,接点松动,每处扣4分	
			线头旋向错误	每处扣2分	
			连接点处理	导线接头过长或过短,每处扣4分	
			接线端子排列	不规范、不正确,每处扣2分	
7	得电试车(试车前,用万用表检查电路)	25	不能启动	扣20分	
			每缺一个自锁、联锁	扣10分	
			无制动	扣10分	
			不试车或试车不成功后不再试车	共扣30分	
8	时间		操作时间为180min。规定最多可超时20min	超时前10min内(含10min)扣10分;后10min内再扣20分。超时满20min后,不得继续操作	
9	安全、文明规范	10	操作台不整洁	扣5分	
			工具、器件摆放凌乱	扣5分	
			发生一般事故:如带电操作(不包括得电试车)、训练中有大声喧哗等影响他人的行为等	每次扣5分	
			发生重大事故:如短路、烧坏器件等	本次技能考试总成绩以0分计	
	备注		每一项最高扣分不应超过该项配分(除发生重大事故)	总成绩	
	突出成绩				
	主要问题				

知识拓展　认识正反转反接制动

如图 6-18 所示为三相鼠笼式电动机双向运行反接制动的控制电路。图中,KM1、KM2 为双向运行接触器,KM3 为短接电阻的接触器,R 为反接制动电阻;KA1、KA2、KA3 为中间继电器,KV 为速度继电器,其中 KV1 为正转闭合的动合触点,KV2 为反转闭合的动合触点。

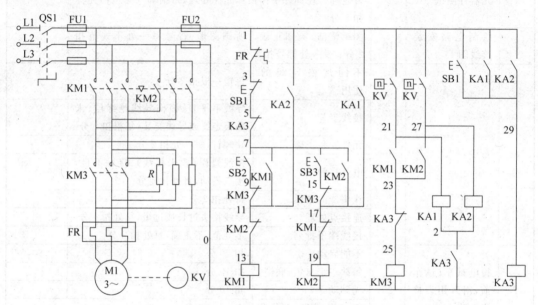

图 6-18　正反转反接制动控制电路

如图 6-18 所示电路工作原理如下:

正转启动时,合上电源开关 QS,按下正转启动按钮 SB2,接触器 KM1 线圈得电并自锁,KM1 辅助动断触点(17-19)断开,互锁接触器 KM2 线圈电路;KM1 主触点闭合,使电动机定子绕组经两相电阻 R 接通正向电源,电动机开始降压正向启动。当电动机转速上升到 120 r/min 以上时,速度继电器 KV 的正转动合触点 KV1 闭合,为制动做好准备,同时使接触器 KM3 的线圈通过 KV1、KM1(21-23)得电工作,KM3 主触点闭合,于是电阻 R 被短接,电动机在全压下继续转动而进入正常的正转运行。

制动时,按下停止按钮 SB1,其动断触点断开,使接触器 KM1、KM3 线圈相继断电,KM1 主触点断开,电动机虽然脱离正向电源,但是依靠惯性仍然以很高的速度旋转,所以速度继电器 KV1 触点依然闭合;KM3 主触点断开,电动机定子绕组接入制动电阻 R。

此时由于 SB1 动合触点闭合使 KA3 线圈得电,KA3 动断触点(23-25)断开,互锁 KM3 的线圈回路;KA3 的动合触点(0-2)闭合,使 KA1 线圈得电,其动合触点(1-29)闭合,KA3 线圈持续得电;其动合触点(1-17)闭合,使接触器 KM2 线圈得电,KM2 主触点闭合,电动机接入反向电源,定子绕组串接制动电阻开始制动。电动机转速迅速下降,当接近于 100r/min 时,KV 的动合触点 KV1 复位,使 KA1、KA3、KM2 线圈断电,其主触点断开,电动机及时脱离电源迅速停车,制动结束。

思考与练习六

6.1 速度继电器有什么作用?
6.2 怎样安装和使用速度继电器?
6.3 制动效果不好,怎样调节速度继电器?
6.4 什么是制动?电气制动有哪些方式?
6.5 反接制动的制动电阻有什么作用?
6.6 分析如图 6-10 所示控制电路,如果输入电源相序接反了,会出现什么现象?
6.7 能耗制动整流桥输出电压减小一半,是什么原因?会产生什么后果?

项目七　三相异步电动机调速控制电路的安装与检测

知识目标：
① 能简述中间继电器的作用、分类、结构、工作原理、选择与使用方法。
② 能画出中间继电器的图形符号，并写出其文字符号。
③ 能解释中间继电器型号的含义。
④ 能简述调速的作用、调速的种类。
⑤ 能简述双速电动机的结构与使用方法。
⑥ 能分析各种调速控制电路的工作过程。

能力目标：
① 会拆装中间继电器，并进行简单的检测。
② 会画出双速控制电路的安装电路图。
③ 会根据工艺要求安装双速控制电路。
④ 会用万用表正确检测电路。

任务一　正确使用中间继电器

本任务主要介绍中间继电器的作用、结构、原理、使用方法，中间继电器的相关参数，中间继电器的选择与使用方法。

一、相关知识

中间继电器一般用来控制各种电磁线圈使信号得到放大，或将信号同时传给几个控制元件。中间继电器实质上是一种电压继电器，但它的触点数量较多，容量较小，它是作为控制开关使用的接触器。它在电路中的作用主要是扩展控制触点数和增加触点容量。如图 7-1 所示为常见中间继电器。

1. JZ7 系列中间继电器的结构与工作原理

如图 7-2 所示为 JZ7 系列中间继电器外观图。中间继电器的基本结构和工作原理与接触器完全相同，故称为接触器式继电器。如图 7-3 所示为 JZ7 系列中间继电器结构示意图。与接触器不同的是中间继电器的触点组数多，并且没有主、辅之分，各组触点允许通过的电流大小是相同的，其额定电流均为 5A。如图 7-4 所示是中间继电器图形与文字符号。

2. 中间继电器的选择与使用

中间继电器一般根据负载电流的类型、电压等级和触点数量来选择。中间继电器的使用与接触器相似，但中间继电器的触点容量较小，一般不能在主电路中应用。

项目七 三相异步电动机调速控制电路的安装与检测

(a) JZ14系列　　(b) JZ7系列　　(c) JDZ1系列　　(d) DZ-50系列　　(e) DZB、DZS-10B
中间继电器　　中间继电器　　中间继电器　　中间继电器　　系列中间继电器

(f) JZ11系列　　(g) JZ15系列　　(h) JZC-32F小型　　(i) MK通用型小型　　(j) DZ-30B系列
中间继电器　　中间继电器　　中功率电磁继电器　　大功率电磁继电器　　中间继电器

图 7-1　常见中间继电器

图 7-2　JZ7 系列中间继电器外观图

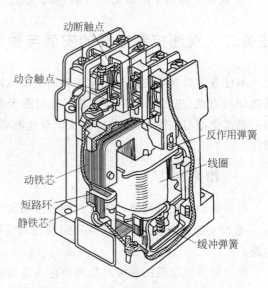

图 7-3　JZ7 系列中间继电器结构图

3. 中间继电器的型号与含义

中间继电器的型号与含义如图 7-5 所示。

图 7-4　中间继电器图形与文字符号

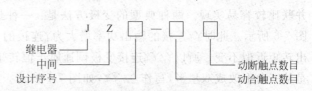

图 7-5　中间继电器的型号与含义

· 133 ·

4. 中间继电器的常见故障及检修方法

中间继电器的常见故障及检修方法与接触器类似。

二、技能训练

(一)训练目的

① 认识常用中间继电器的型号及作用。
② 掌握常用中间继电器的使用方法。
③ 了解中间继电器结构、动作原理,掌握中间继电器的拆装,并能对常见故障进行检修。
④ 能够正确选用中间继电器。

(二)训练器材

中间继电器、常用电工工具。

(三)训练内容与步骤

① 认识中间继电器的主要技术参数。
② 认识并检测中间继电器线圈、动合触点、动断触点。

任务二 双速控制电路的安装与检测

本任务主要介绍三相交流异步双速电动机结构与工作原理,双速电动机的控制方法,高低速切换方法,电气制动控制电路工作过程分析,时间继电器控制双速电动机的安装与检测。通过学习与技能训练,进一步认识双速电动机工作过程,熟练掌握电气控制电路的安装操作。

一、相关知识

异步电动机交流调速可通过三种方法来实现:一是改变电源频率 f_1;二是改变转差率 s;三是改变磁极对数 p。本任务介绍通过改变磁极对数 p 来实现电动机变速的基本控制电路。

改变异步电动机的磁极对数调速称为变极调速。在电源频率不变的条件下,改变电动机的磁极对数,电动机的同步转速 n_1 就会发生变化,从而改变电动机的转速。若磁极对数减少一半,同步转速就提高一倍,电动机转速也几乎升高一倍。变极调速是通过改变定子绕组的连接方式来实现的,它是有级调速,且只适用于笼型异步电动机。

(一)三相异步双速电动机高低速定子绕组的连接

变极调速时定子绕组的具体改接方法有多种,通常将定子绕组从正向串联改接成反向并联比较容易实现。两种典型的变极方法是:一种是从单星形改成双星形,写作 Y/YY,如图 7-6 所示。此时YY连接的输出功率增大为Y连接的2倍,转速也近似变为原来的2倍,输出转矩近似不变。所以Y/YY连接变极调速属于恒转矩调速,它适用于恒转矩负载。另一种是从三角形改成双星形,写作 △/YY,如图 7-7 所示。这时由三角形连接改成YY连接后,输出功率变化很小,而输出转矩近似减小了一半,所以△/YY接法变极调速近似为恒功率调速,适用于恒功率负载。这两种接法可使电动机磁极对数减少一半。在改接绕组时,为了使电动机转向不变,应把绕组的相序改接一下。

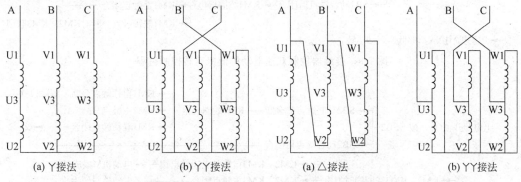

图 7-6 异步电动机Y/YY变极调速接线　　图 7-7 异步电动机△/YY变极调速接线

变极调速主要用于各种机床及其他设备上。它所需设备简单、体积小、重量轻,但电动机绕组引出头较多,调速级数少。

(二) 双速电动机控制电路的识读

(1) 接触器控制双速电动机的控制电路

如图 7-8 所示为接触器控制△/YY双速电动机的控制电路,该电路通过按钮 SB1 与 KM1 控制低速,按钮 SB2 与 KM2、KM3 控制高速。

电路工作原理分析如下:

① 低速运转,控制过程如图 7-9 所示。

② 高速运转,控制过程如图 7-10 所示。

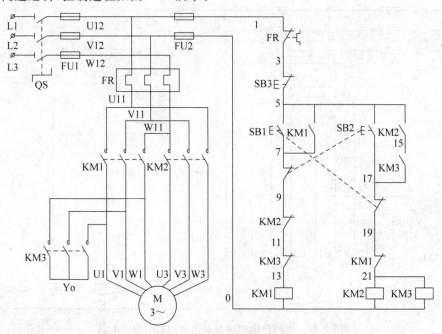

图 7-8 接触器控制双速电动机的控制电路

图 7-9 接触器控制双速电动机低速运转控制过程

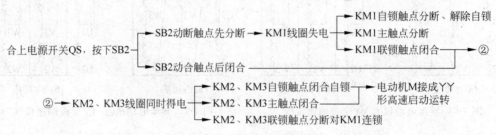

图 7-10 接触器控制双速电机高速运转控制过程

(2) 时间继电器控制双速电动机的控制电路

如图 7-11 所示为时间继电器控制双速电动机的控制电路,该电路中 SA 是具有三个接点位置的转换开关,接触器 KM1 控制电动机定子绕组接成△低速运行,KM2、KM3 控制电动机接成YY高速运行,时间继电器 KT 控制电动机△启动时间和△-YY的自动换接。电路的工作原理分析如下:

① 低速启动运行,控制过程如图 7-12 所示。

② △低速启动到YY高速运行,控制过程如图 7-13 所示。

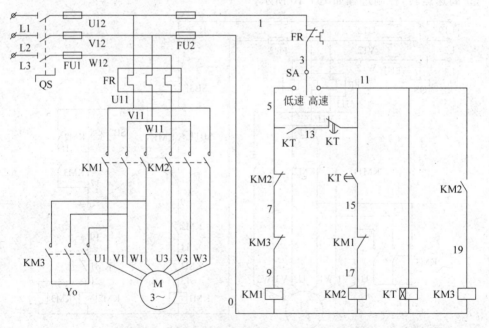

图 7-11 时间继电器控制双速电动机的控制电路

项目七 三相异步电动机调速控制电路的安装与检测

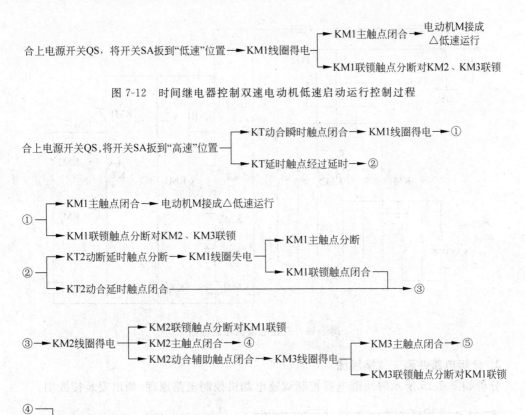

图 7-12 时间继电器控制双速电动机低速启动运行控制过程

图 7-13 时间继电器控制双速电动机低速启动到YY高速运行控制过程

二、技能训练

（一）训练目的
① 能够正确识读双速电动机控制电路。
② 会使用中间继电器，掌握改变双速电动机高低速连线方法。
③ 会画电气原理图、电器布置图、电器安装接线图。
④ 能够按照工艺要求，使用硬线安装电路。
⑤ 会用万用表检测电路，会通电调试电路。

（二）训练器材
三相电源、安装板、接触器、按钮、热继电器、熔断器、时间继电器、中间继电器、端子排、电动机、硬导线若干、编码管若干、常用电工工具。

（三）训练内容与步骤
1. 分析电路工作过程
如图 7-14 所示电路，分析该电路工作过程。

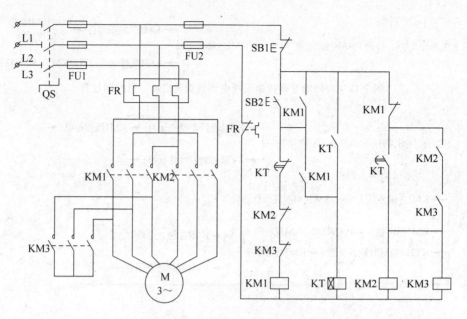

图 7-14 双速电动机控制电路

2. 分析电路并画安装接线图

分析如图 7-15 所示时间继电器控制双速电动机控制电路原理,画出安装接线图。

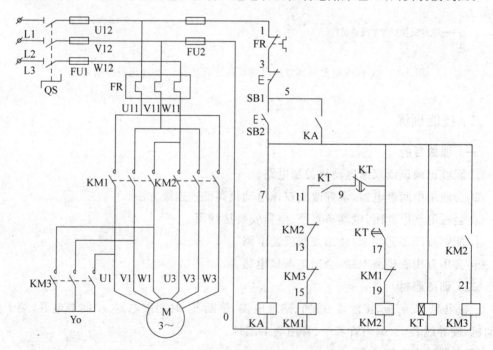

图 7-15 时间继电器控制双速电动机控制电路

(1) 分析工作过程

自行分析。

(2) 画出安装简易接线图

安装简易接线图如图 7-16 所示。

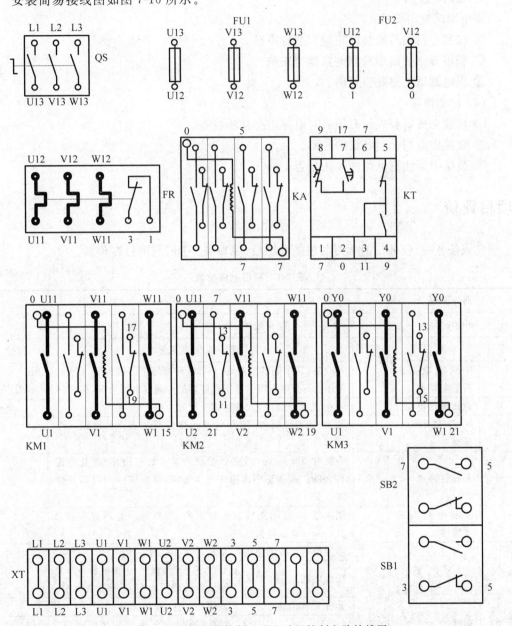

图 7-16 时间继电器控制双速电动机控制电路接线图

(3) 电路安装

电路安装要求：

① 元件安装：排列整齐、布局合理、安装可靠。

② 电路布局：布线合理、美观。
③ 走线：横平、竖直、美观。
④ 接线：规范，无反圈、压皮、松动。
⑤ 编码：按图编码。

得电测试电路要求：
① 按照电路图与安装图正确安装好电路。
② 利用万用表简单检测电路是否正确。
③ 得电测试电路是否正确。

(4) 注意事项
① 接线完成后要先用万用表对电路进行初步检查。
② 装接中应当标明各线的号码。
③ 装接中要注意电路的接法是否正确。

项目评价

完成任务一、任务二的学习与技能训练后，填写表 7-1 所列项目评价表。

表 7-1　项目七评价表

训练课题				姓　名	
开始时间		结束时间		工位号	
序号	项目	配分	评分标准及要求		扣分
1	中间继电器的拆装与检测	10	不会拆、装中间继电器，或是拆装时损坏中间继电器，1 次扣 5 分。不会用万用表检测装好后的中间继电器质量，扣 5 分		
2	识读调速电路	5	不会正确识读调速电路，错一次扣 1 分		
3	元器件清点、选择	5	清点、选择元器件，填写电器元器件明细表。每填错一个元器件扣 3 分		
4	元器件测试	5	在操作 20min 内，对主要器材测试。如有损坏，应及时报告老师。在训练中作损坏元件处理，每损坏一个电器元件扣 5 分		
5	绘制电路安装接线图	10	图纸整洁、画图正确。所画图形、符号每一处不规范扣 2 分；少一处标号扣 2 分		
6	布线	30	不同规格导线的使用	每错一根扣 2 分	
			接线工艺	导线不平直、损伤导线绝缘层、未贴板走线或导线交叉，每根扣 2 分	
			元件安装正确	缺螺钉，每一处扣 2 分	
			电气接触	接线错误（含未接线）、接触不良，接点松动，每处扣 4 分	
			线头旋向错误	每处扣 2 分	
			连接点处理	导线接头过长或过短，每处扣 4 分	
			接线端子排列	不规范、不正确，每处扣 2 分	

续表

序号	项目	配分	评分标准及要求		扣分
7	得电试车(试车前,用万用表检查电路)	25	不能启动	扣20分	
			无低速启动	扣10分	
			无高低速切换	扣10分	
			不试车或试车不成功后不再试车	共扣30分	
8	时间		操作时间180min。规定最多可超时20min	超时前10min内(含10min)扣10分;后10min内再扣20分。超时满20min后,不得继续操作	
9	安全、文明规范	10	操作台不整洁	扣5分	
			工具、器件摆放凌乱	扣5分	
			发生一般事故:如带电操作(不包括得电试车)、训练中有大声喧哗等影响他人的行为等	每次扣5分	
			发生重大事故:如短路、烧坏器件等	本次技能考试总成绩以0分计	
备注			每一项最高扣分不应超过该项配分(除发生重大事故)	总成绩	
突出成绩					
主要问题					

知识拓展 认识直流电动机的基本控制电路

一、直流电动机及分类

三相交流异步电动机虽然结构简单、价格便宜、制造方便、维护容易、使用广泛,但是它的启动性能、调速性能没有直流电动机好,所以要求启动转矩大或调速平滑、调速范围广时,常用直流电动机。直流电动机根据励磁方式可分为串励、并励、他励、复励四种形式,如图7-17所示。

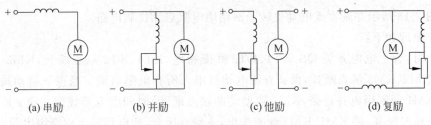

(a) 串励 (b) 并励 (c) 他励 (d) 复励

图7-17 直流电动机励磁方式

1. 串励直流电动机

串励直流电动机的励磁绕组与电枢绕组串联后,再接于直流电源,接线如图 7-17(a) 所示。这种直流电动机的励磁电流就是电枢电流。

串励直流电动机的机械特性为软特性,具有启动转矩大、转速随负载的增加而迅速下降的特点。适用于要求大的启动转矩、负载变化时转速允许变化的恒功率负载的场合。

2. 并励直流电动机

并励直流电动机的励磁绕组与电枢绕组相并联,接线如图 7-17(b) 所示。作为并励发电动机来说,是电动机本身发出来的端电压为励磁绕组供电,励磁绕组与电枢共用同一电源,从性能上讲与他励直流电动机相同。

并励式电动机在外加电压一定的情况下,励磁电流产生的磁通将保持恒定不变。启动转矩大,负载变动时转速比较稳定,转速调节方便,调速范围大。

3. 他励直流电动机

励磁绕组与电枢绕组无连接关系,而由其他直流电源对励磁绕组供电的直流电动机称为他励直流电动机,接线如图 7-17(c) 所示。图中 M 表示电动机,若为发电机,则用 G 表示。永磁直流电动机也可看作他励直流电动机。

他励式电动机构造比较复杂,一般用于对调速范围要求很宽的重型机床等设备中。

4. 复励直流电动机

复励直流电动机有并励和串励两个励磁绕组,接线如图 7-17(d) 所示。若串励绕组产生的磁通势与并励绕组产生的磁通势方向相同称为积复励。若两个磁通势方向相反,则称为差复励。

积复励电动机的电磁转矩变化速度较快,负载变化时能够有效克服电枢电流的冲击,比并励式电动机的性能优越,主要用于负载力矩有突然变化的场合。差复励电动机具有负载变化时转速几乎不变的特性,常用于要求转速稳定的机械中。

二、并励直流电动机的基本控制电路

1. 直流电动机启动控制

直流电动机的电枢绕组电阻一般很小,若直接启动,将产生很大的启动电流,启动转矩也很大,会对电动机以及生产机械产生一定的不利影响。因此,直流电动机启动时必须采取措施,限制启动电流。

直流电动机限制启动电流的方法一般有减小电枢电压或在电枢回路串电阻两种方法。

如图 7-18 所示并励直流电动机转子回路串电阻启动控制电路。

工作原理如下:

启动时,合上电源开关 QS,KT1、KT2 线圈得电,KT1、KT2 触点断开,KM2、KM3 线圈失电,KM2、KM3 触点断开,保证直流电动机串入所有电阻启动。当按下启动按钮 SB2,接触器 KM1 线圈得电并自锁,KM1 辅助动断触点断开,时间继电器线圈失电;KT1、KT2 动断触点瞬时断开,使 KM1、KM2 线圈失电,主触点闭合,使电动机电枢绕组串两电阻 R 接通正向电源,电动机开始减压正向启动。由于 KM1 动断触点断开了时间继电器 KT1、KT2

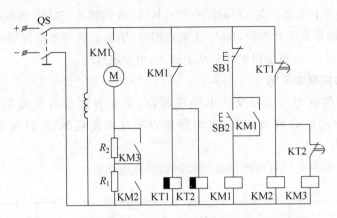

图 7-18　并励直流电动机转子回路串电阻启动控制电路

线圈,KT2 经过延时,动断触点恢复闭合,使接触器 KM3 线圈得电,KM3 主触点闭合,电阻 R_2 被短接,电枢电压升高,然后 KT1 经过延时,动断触点恢复闭合,使接触器 KM2 线圈得电,KM2 主触点闭合,电阻 R_1 被短接,电枢加全压运行。

2. 直流电动机正反转控制

串励直流电动机的正反转常采用励磁绕组反接法来实现,因为串励直流电动机电枢绕组两端的电压很高,而励磁绕组两端的电压较低,反接比较容易。并励和他励直流电动机的正反转常采用电枢绕组反接法,因为并励与他励电动机励磁绕组匝数较多,电感量较大,当励磁绕组反接时,在励磁绕组中会产生很大的感应电动势,会损坏励磁绕组以及其他电器。

如图 7-19 所示为串励直流电动机正反转控制电路。

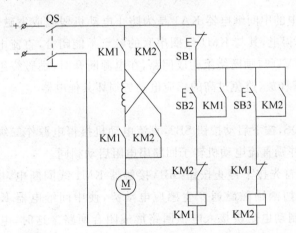

图 7-19　串励直流电动机正反转控制电路

工作原理如下:

正转启动时合上电源开关 QS,按下 SB2,KM1 线圈得电,KM1 动断辅助触点断开联锁,KM1 动合辅助触点闭合自锁,KM1 主触点闭合,励磁绕组与电枢绕组串联,电流都是从上到下,电动机正转。

反转启动时合上电源开关 QS，按下 SB3，KM2 线圈得电，KM2 动断辅助触点断开联锁，KM2 动合辅助触点闭合自锁，KM2 主触点闭合，励磁绕组与电枢绕组串联。但是，励磁绕组电流是从下到上，电枢绕组电流是从上到下，电动机反转。

3. 直流电动机制动控制

直流电动机的制动与三相交流电动机相似，制动方法也有机械制动与电力制动。机械制动方法常用电磁抱闸制动，电力制动方法常有能耗制动、反接制动和回馈制动三种。

如图 7-20 所示为并励直流电动机能耗制动控制电路。

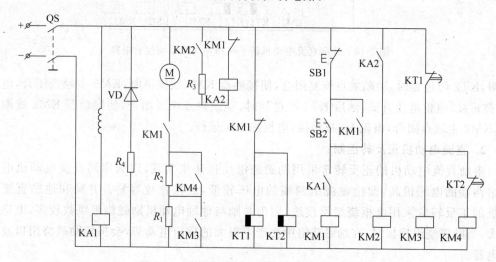

图 7-20　并励直流电动机能耗制动控制电路

如图 7-20 所示中的中间继电器 KA1 是为防止电动机弱磁或失磁保护，当励磁回路不工作时，KA2 线圈不得电，其与 KM1 线圈串联的触点不能闭合，直流电动机不能启动。电阻 R_4 与续流二极管 VD 与励磁绕组构成回路，在电源断开时，励磁绕组产生很大的感应电动势通过续流二极管释放，避免过高的感应电动势损坏其他电器。

工作原理如下：

合上电源开关 QS，按下启动按钮 SB2，直流电动机接得电源作二级启动运行。其启动原理与图 7-18 所示并励直流电动机转子回路串电阻启动相同。

在能耗制动时，首先按下停止按钮 SB1，接触器 KM1 线圈断电，电枢回路断电，由于电动机作惯性运行，切割励磁磁通产生感应电动势，使中间继电器 KA2 得电动作，接触器 KM2 得电动作，制动电阻被接入电枢回路形成闭合回路。这时，电枢中的感应电流的方向与原来的方向相反，电枢产生的电磁转矩方向与转速方向相反，从而实现能耗制动。当能耗制动将近结束时，由于电动机的转速慢，电枢绕组产生的感应电动势很小，使中间继电器 KA2 释放，接触器 KM2 也因此断电释放，使制动回路断开，电动机逐渐停转，制动完毕。

思考与练习七

7.1 中间继电器与接触器有什么区别?
7.2 什么情况下可以用中间继电器代替接触器使用?
7.3 交流异步电动机调速有哪些方式?
7.4 双速电动机由低速转高速时接线应注意什么?
7.5 为什么双速电动机高速运行要经过低速启动?
7.6 直流电动机调速有哪些优点?

项目八 电气控制电路设计

知识目标：
① 能简述电气设计的基本内容以及一般要求。
② 能说出确保控制电路安全的措施。

能力目标：
① 会选择电气控制方案。
② 会选择电动机和常用控制电器，能够对简单的电气控制电路进行部分技术改造。
③ 会用 CAD 软件绘制电路图。

任务一 学习电气控制电路设计的技巧

本任务主要介绍电气控制设计的一般原则与内容，电气设计一般技巧，常见电气设计的一些错误与不合理方法。

一、相关知识

在工业生产中，各种机械设备为满足不同的生产需要，有各自不同的控制方式，各电气控制设计除了要满足各种控制功能外，同时还要考虑电源、电器型号、成本等因素，使设计合理。

（一）电气控制设计的基本内容

1. 电气原理图设计的内容
① 拟定电气设计任务书。
② 选择电力拖动方案和控制方式。
③ 确定电动机的类型、型号、容量、转速。
④ 设计电气控制原理图。
⑤ 选择电器元件及清单。
⑥ 编写设计计算说明书。

2. 电气工艺设计的内容
① 设计电气设备的总体配置，绘制总装配图和总接线图。
② 绘制各组件电器元件布置图与安装接线图，标明安装方式、接线方式。
③ 编写使用与维护说明书。

（二）电气控制电路设计的一般要求

1. 电气控制应最大限度地满足生产机械加工工艺的要求

设计前，应对生产机械工作性能、结构特点、运动情况、加工工艺过程及加工情况有充分的了解，并在此基础上设计控制方案，考虑控制方式以及启动、制动、反向和调速的要求，安置必要的联锁与保护，确保满足生产机械加工工艺的要求。

2. 对控制电路电流、电压的要求

应尽量减少控制电路中的电流、电压种类,控制电压应选择标准电压等级。

3. 控制电路力求简单、经济

① 尽量缩短连接导线的长度和导线数量,设计控制电路时,应考虑各电器元件的安装位置,尽可能地减少连接导线的数量,缩短连接导线的长度。如图 8-1(a) 所示电路是不合理的。因为按钮一般是安装在操作台上的,而接触器是安装在电器柜内的,这样接线就需要由电器柜内二次引出连接线到操作台上,所以一般都将启动按钮接在停止按钮下面,与接触器直接连接,这样就可以减少一次引出线。如图 8-1(b) 所示为合理的连接。

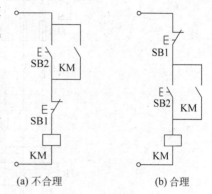

图 8-1 电器连接图

② 尽量减少电器元件的品种、数量和规格,同一用途的器件尽可能选用同品牌、型号的产品,并且电器数量减少到最低限度。

③ 尽量减少使用电器元件触点的数目,在控制电路中,尽量减少触点是为了提高电路运行的可靠性。例如图 8-2 所示,如图 8-2(a) 和(b)所示电路控制功能相同,但是如图 8-2(b) 所示电路少用一个 KM1 动合触点,电路运行可靠性得到提高。

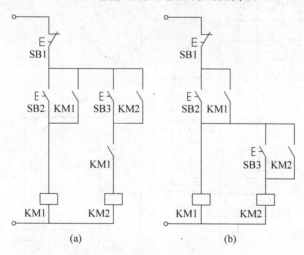

图 8-2 电器触点合理使用

④ 尽量减少得电电器的数目,以利节能与延长电器元件寿命,减少故障。在如图 8-3 所示串电阻减压启动控制电路中,电动机在全压运行时接触器 KM1 与时间继电器 KT 还处于得电工作状态,浪费电能,缩短电器使用寿命。

在图 8-4 所示串电阻减压启动控制电路中,电动机在全压运行时接触器 KM1 与时间继电器 KT 都处于失电工作状态,节约电能,延长电器使用寿命。

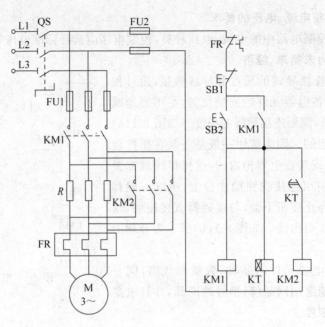

图 8-3 串电阻减压启动控制电路一

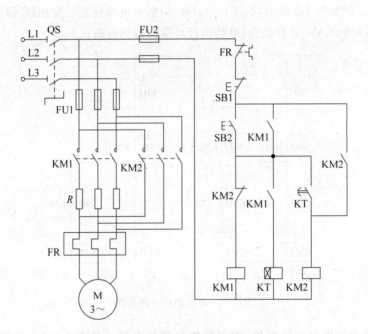

图 8-4 串电阻减压启动控制电路二

4. 确保控制电路工作的安全性和可靠性

（1）正确连接电器的线圈

在交流控制电路中，同时动作的两个电器线圈不能串联，两个电磁线圈需要同时吸合时其线圈应并联连接，如图 8-5 所示。

在直流控制电路中，两电感值相差悬殊的直流电压线圈不能并联连接。如图 8-6(a)所示连接中直流电磁铁 YA 与继电器 KA 并联,在通得电源时可正常工作,但在断开电源时,由于电磁铁线圈的电感比继电器线圈的电感大得多,所以断电时,继电器很快释放,但电磁铁线圈产生的自感电动势可能使继电器又吸合一段时间,从而造成继电器的误动作。解决的方法是可以各用一个接触器的触点来控制,如图 8-6(b)所示。

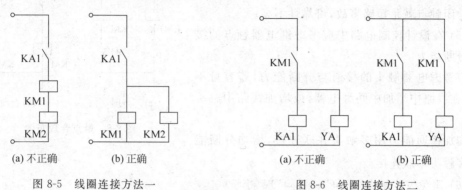

图 8-5　线圈连接方法一　　　　图 8-6　线圈连接方法二

(2) 正确连接电器元件的触点

设计时,应使分布在电路中不同位置的同一电器触点接到电源的同一相上,以避免在电器触点上引起短路故障。

(3) 防止寄生电路

寄生电路是电路动作过程中意外接通的电路。如图 8-7 所示指示灯 HL 和热保护 FR 的正反向电路。正常工作时,能完成正反向启动、停止和信号指示。当热继电器 FR 动作时,电路就出现了寄生电路(如图中虚线所示),使正向接触器 KM1 不能有效释放,起不了保护作用;反转时亦然。

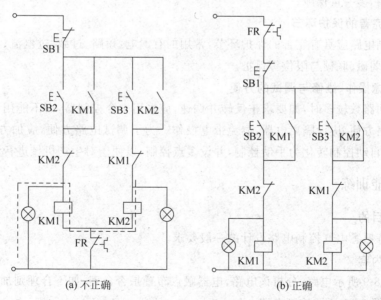

图 8-7　寄生电路形成

（4）在控制电路中控制触点应合理布置

如图 8-8 所示电路，它们控制功能相同，但是安装如图 8-8(a)所示没有如图 8-8(b)所示安装方便。如图 8-8(a)所示电路中，若 SQ 内部碰线，常开触点碰上常闭触点就是短路事故，可靠性不高。

（5）在设计控制电路中应考虑继电器触点的接通与分断能力

应考虑电器触头的接通与分断能力，若容量不够，可在线路中增加中间继电器，或增加线路中触头数目。

增加接通能力用多触头并联连接，增加分断能力用多触头串联连接。

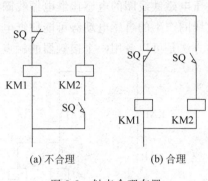

图 8-8 触点合理布置

（6）避免发生触点"竞争"、"冒险"现象

竞争：当控制电路状态发生变换时，常伴随电路中的电器元件的触点状态发生变换。由于电器元件总有一定的固有动作时间，对于一个时序电路来说，往往发生不按时序动作的情况，触点争先吸合，就会得到几个不同的输出状态，这种现象称为电路的"竞争"。

冒险：对于开关电路，由于电器元件的释放延时作用，也会出现开关元件不按要求的逻辑功能输出，这种现象称为"冒险"。

（7）采用电气联锁与机械联锁的双重联锁

对于频繁操作的可逆电路，为了防止电器元件老化，或者是在发热情况下发生触点黏连等引起事故，所以应用双重联锁。双重联锁更加安全可靠，当电气联锁意外失效时，还有机械联锁起作用，多一重保障。

5. 具有完善的保护环节

电气控制电路应具有完善的保护环节，常用的有漏电、短路、过载、过电流、过电压、欠电压与零电压、弱磁、联锁与限位等保护。

6. 要考虑操作、维修与调试的方便

当操作回路数较多时，如要求正反转并调速，应采用主令控制器，而不能用许多个按钮。为了检修电路方便，应设隔离电器，避免带电操作。为了调试电路方便，应加方便的转换控制方式，如从自动控制转化为手动控制，并设多点控制，以便于对生产机械进行调试。

二、技能训练

1. 训练目的

通过训练熟悉电气控制电路设计的一般要求。

2. 训练内容

① 如图 8-9 所示电路，分析该电路，电器触点布置是否合理，如不合理则加以改进。
② 简化图 8-10 所示控制电路。
③ 分析图 8-11 所示各电路工作时有无竞争、冒险现象。

项目八 电气控制电路设计

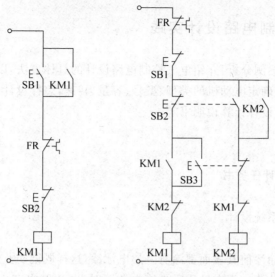

图 8-9 电器触点布置

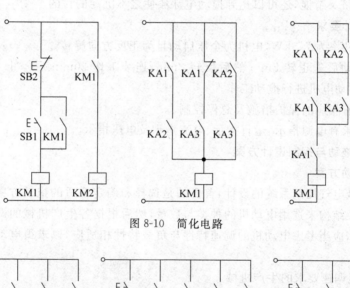

图 8-10 简化电路

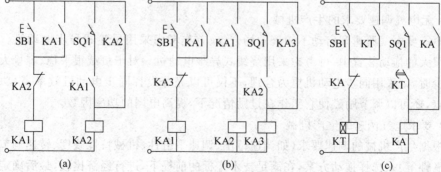

图 8-11 竞争、冒险电路

任务二 电气控制电路设计实践

本任务通过设计案例分析,介绍电气控制电路设计的具体方法,以及怎样选择电力拖动方案和控制方式,如何确定电动机的类型、型号、容量、转速,怎样设计电气控制原理图、选择电器元件及清单、编写设计计算说明书等。

一、设计案例

(一) 电气控制设计任务书

1. 控制系统名称

搅动泵自动控制系统设计。

2. 设备简介

很多铁质零件在涂漆前其表面都涂有一层电泳漆,这样既能防止氧化生锈,又能牢固地吸附涂在其表面上的油漆。而在铁质零件涂电泳漆时,电泳槽内有一搅动泵时而运转时而停止,这样既经济又节能,还可以达到搅动电泳漆使之不沉淀的目的。

3. 设备设计要求

① 电动机功率为 7.5kW,电机为全压启动且为正反方向旋转。

② 每次启动后先正转 2min 然后反转 2min,连续工作 20min 后停止工作,停止搅动 15min 后再次启动电机进行搅动工作。

③ 电机应有相应的保护措施及总停控制。

④ 系统要求有电源指示、运行指示、电流指示及电压指示。

(二) 电力拖动与控制设计方案

1. 电力拖动方案

对生产机械电气控制系统的设计,首要的是选择和确定合适的拖动方案。主要根据设备的工艺要求及结构来选用电动机的种类与数量,然后根据各生产机械的调速要求来确定调速方案,同时,应当考虑电动机的调速特性与负载特性相适应,以求得电动机充分合理的应用。

(1) 无电气调速要求的生产机械

在不需要电气调速和启动不频繁的场合,应首先考虑采用鼠笼式异步电动机。在负载静转矩很大的拖动装置中,可考虑采用绕线式异步电动机。对于负载很平稳、容量大且启停次数很少时,则采用同步电动机更为合理,不仅可以充分发挥同步电动机效率高、功率因数高的优点,还可以调节励磁使它工作在过励情况下,提高电网的功率因数。

(2) 要求电气调速的生产机械

应根据生产机械的调速要求(如调速范围、调速平滑性、机械特性硬度、转速调节级数及工作可靠性等)来选择拖动方案,在满足技术指标的前提下,进行经济比较,最后确定最佳拖动方案。

调速范围 $D=2\sim3$,调速级数 $\leqslant 2\sim4$。一般采用改变磁极对数的双速或多速笼式异步电动机拖动。

调速范围 $D<3$,且不要求平滑调速时,采用绕线式转子感应电动机拖动,但只适用于短时负载和重复短时负载的场合。

调速范围 $D=3\sim10$,且要求平滑调速时,在容量不大的情况下,可采用带滑差离合器的异步电动机拖动系统。若需长期运转在低速时,也可考虑采用晶闸管直流拖动系统。

调速范围 $D=10\sim100$ 时,可采用直流拖动系统或交流调速系统。

三相异步电动机的调速,以前主要依靠改变定子绕组的极数和改变转子电路的电阻来实现。目前,变频调速和串级调速已得到广泛的应用。

(3) 电动机调速性质的确定

电动机的调速性质应与生产机械的负载特性相适应。对于双速笼型异步电动机,当定子绕组由△连接改为YY连接时,转速由低速转为高速,功率却变化不大,适用于恒功率传动;当定子绕组由Y连接改为YY连接时,电动机输出转矩不变,适用于恒转矩传动。对于直流他励电动机,改变电枢电压调速为恒转矩输出;而改变励磁调速为恒功率调速。

若采用不对应调速,即恒转矩负载采用恒功率调速或恒功率负载采用恒转矩调速,都将使电动机额定功率增大 D 倍(D 为调速范围),且部分转矩未得到充分利用。所以,电动机调速性质是指电动机在整个调速范围内转矩、功率与转速的关系。究竟是允许恒功率输出还是恒转矩输出,在选择调速方法时,应尽可能使它与负载性质相同。

分析搅动泵自动控制系统设备控制要求,设备仅要求周期性正反转运行,运行方式简单,考虑到控制系统要简单、经济、合理、便于操作、维修方便、安全可靠等因素,该拖动系统宜选择使用一台无变速的三相异步电动机拖动。

2. 控制方案

设备的电气控制方法很多,有继电器接触器的有触点控制,有无触点逻辑控制,有可编程序控制器控制、计算机控制等。总之,合理地确定控制方案,是设计可行、简便、可靠、经济、适用的电力拖动控制系统的重要前提。

控制方案的确定,应遵循以下原则:

① 控制方式与拖动需要相适应。控制方式并非越先进越好,而应该以经济效益为标准。控制逻辑简单、加工程序基本固定的生产机械设备,采用继电器接触器控制方式比较合理;对于经常改变加工程序或控制逻辑复杂的生产机械设备,则采用可编程序控制器较为合理。

② 控制方式与通用化程度相适应。通用化是指生产机械加工不同对象的通用化程度,它与自动化是两个概念。对于某些加工一种或几种零件的专用机床,它的通用化程度很低,但它可以有较高的自动化程度,这种机床宜采用固定的控制电路;对于单件、小批量且可以加工形状复杂零件的通用机床,则采用数字程序控制,或采用可编程序控制器控制,因为它们可以根据不同的加工对象而设定不同的加工程序,因而有较好的通用性和灵活性。

③ 控制方式应最大限度满足工艺要求。根据加工工艺要求,控制电路应具有自动循环、半自动循环、手动调整、紧急快退、保护性联锁、信号指示和故障诊断等功能,以最大限度满足工艺要求。

④ 控制电路的电源应当可靠。简单的控制电路可直接用电网电源,元件较多、电路较复杂的控制装置,可将电网电压隔离降压,以降低故障率。对于自动化程度较高的生产设备

可采用直流电源,这有助于节省安装空间,便于同无触点元件连接,元件动作平稳,操作维修也比较安全。

影响方案确定的因素很多,最后选定方案的技术水平和经济水平,取决于设计人员的设计经验和设计方案的灵活运用。

分析搅动泵自动控制系统电气控制运行方式实际情况,该电气控制逻辑简单、加工程序固定的生产机械设备,为满足控制要求,又要考虑经济性、合理性等因素,所以该拖动系统宜选用传统的继电器接触器的有触点控制。

(三)确定电动机的类型、型号、容量、转速

电动机是生产机械电力拖动系统的拖动元件,选择电动机的原则是:经济、合理、安全。选择电动机的指标有结构形式、类型、转速、额定电压和功率。正确地选择电动机,对设备性能影响很大。

1. 电动机结构的选择

电动机具有不同的防护型式,如防护式、封闭式、防爆式等,具体要根据电动机的工作条件来选择。

① 现代设备,如机床,多选用防护式电动机,而在某些场合,在操作者和设备安全有保证的条件下也可采用开启式电动机,以利于散热和提高效率。

② 在污染严重或粉尘较多的场所,应选用封闭式电动机。

③ 有爆炸危险的厂房车间,应选择防爆式电动机。

④ 比较潮湿或冷却液流散的场所,也应选择封闭型电动机;若温度较高时,应考虑选用湿热型电动机。

⑤ 露天作业,除选用封闭式电动机外,还应加防护措施。

2. 电动机类型的选择

选择电动机类型的依据是在安全经济的条件下,适应设备工作特性的要求。

① 由于笼型异步电动机造价低,使用维修方便,所以对速度无特殊要求的设备应首先选择笼型异步电动机。

② 要求有调速性能的设备,可用直流电动机,当然也可以采用交流调速装置而选用交流电动机,但要考虑其经济性。

③ 对要求速度变化级数较少的场合,可选用多速异步电动机。

④ 对要求调速范围较宽的设备,除考虑直流拖动外,还应考虑是否需要机械变速和电气调速结合使用。

3. 电动机转速的选择

对于额定功率相同的电动机,额定转速越高,电动机体积、重量和成本就越小。因此,在条件允许的情况下,应尽可能选用高速电动机,但要根据设备对转速的要求,综合考虑电动机转速和机械传动两方面的多种因素来确定电动机额定转速。一般要考虑以下几个方面:

① 低速运转的设备,宜选用适当的转速为参考转速,以该转速作为依据选择电动机并与减速机构联合传动。

② 对中高速运转的设备,可选用适当速度的电动机直接拖动。

③ 对要求调速的设备,应注意电动机转速与设备要求的最高转速相适应,使得调速范

项目八 电气控制电路设计

围留有余地。

④ 对经常启动、制动及反转的设备,如冶金及起重设备,其电动机的转速不宜选得过高,电动机的转动惯量应越小越好。

4. 电动机额定电压的选择

交流电动机的额定电压应与供电电网电压一致。中小型异步电动机额定电压为 220/380V(△/Y连接)及 380/600V(△/Y连接)两种,后者可用Y-△启动;当电动机功率较大时,可选用相应电压如 3000V、6000V、10000V 的高压电动机。

直流电动机的额定电压也要与电源电压相一致。当直流电动机单独由直流发电机供电时,额定电压常为 220V 及 110V;大功率直流电动机可提高到 600~800V,甚至为 1000V。

5. 电动机功率的选择

选择电动机功率的根据是负载功率。功率选得过大,设备投资大将造成浪费,同时,由于电动机欠载运行,使之效率和功率因数(对于交流电动机)降低,运行费用也会提高;相反,功率选得过低,电动机过载运行,使之寿命降低。

根据工作环境与完成的工作任务,该电动机可以选择防护式笼型三相异步电动机,异步电动机额定电压为 380V(△连接),电动机功率为 7.5kW。

(四) 设计电气控制原理图

设计电气控制电路的基本步骤如下:

① 按工艺要求提出的启动、制动、反向和调速等要求,设计主电路。

② 根据所设计出的主电路,设计控制电路的基本环节,即满足设计要求的启动、制动、反向和调速等的基本控制环节。

③ 根据各部分运动要求的配合关系及联锁关系,确定控制参量并设计控制电路的特殊环节。

④ 分析电路工作中可能出现的故障,加入必要的保护环节。

⑤ 综合审查,仔细检查电气控制电路动作是否正确,关键环节可做必要实验,进一步完善和简化电路。

如图 8-12 所示,根据控制要求而设计的搅动泵电气自动控制系统电路。

(五) 选择电器元件及清单

1. 接触器的选择

一般按下列步骤进行:

① 接触器种类的选择。根据接触器控制的负载性质来相应选择直流接触器还是交流接触器;一般场合选用电磁式接触器,对频繁操作的带交流负载的场合,可选用带直流电磁线圈的交流接触器。

② 接触器使用类别的选择。根据接触器所控制负载的工作任务来选择相应使用类别的接触器。如负载是一般任务则选用 AC-3(笼型感应电动机的启动、运转中分断)使用类别;负载为重任务则应选用 AC-4(笼型感应电动机的启动、反接制动或反向运转、点动)类别;如果负载为一般任务与重任务混合时,则可根据实际情况选用 AC-3 或 AC-4 类接触器,如选用 AC-3 类时,应降级使用。

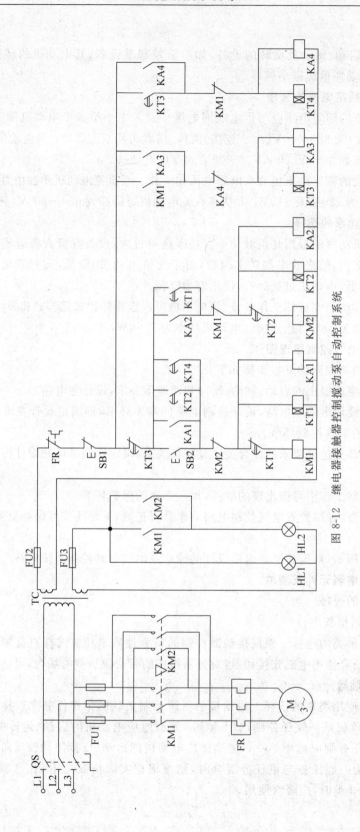

图 8-12 继电器接触器控制搅动泵自动控制系统

③ 接触器额定电压的确定。接触器主触点的额定电压应根据主触点所控制负载电路的额定电压来确定。

④ 接触器额定电流的选择。一般情况下，接触器主触点的额定电流应大于等于负载或电动机的额定电流，计算公式为

$$I_N \geq \frac{P_N \times 10^3}{KU_N}$$

式中，I_N——接触器主触点额定电流(A)；

　　K——经验系数，一般取 1~1.4；

　　P_N——被控电动机额定功率(kW)；

　　U_N——被控电动机额定线电压(V)。

当接触器用于电动机频繁启动、制动或正反转的场合，一般可将其额定电流降一个等级来选用。

⑤ 接触器线圈额定电压的确定。接触器线圈的额定电压应等于控制电路的电源电压。为保证安全，一般接触器线圈选用 110V、127V 电压，并由控制变压器供电。但如果控制电路比较简单，所用接触器的数量较少时，为省去控制变压器，可选用 380V、220V 电压。

⑥ 接触器触点数目。在三相交流系统中一般选用三极接触器，即三对动合主触点，当需要同时控制中性线时，则选用四极交流接触器。在单相交流和直流系统中则常用两极或三极并联接触器。交流接触器通常有三对动合主触点和四至六对辅助触点，直流接触器通常有两对动合主触点和四对辅助触点。

⑦ 接触器额定操作频率。交、直流接触器额定操作频率一般有 600 次/h，1200 次/h 等几种。一般说来，额定电流越大，则操作频率越低，可根据实际需要选择。

2. 电磁式继电器的选择

应根据继电器的功能特点、适用性、使用环境、工作制、额定工作电压及额定工作电流来选择。

(1) 电磁式电压继电器的选择

根据在控制电路中的作用，电压继电器有过电压继电器和欠电压继电器两种类型。

交流过电压继电器选择的主要参数是额定电压和动作电压，其动作电压按系统额定电压的 1.1~1.2 倍整定。

交流欠电压继电器常用一般交流电磁式电压继电器，其选用只要满足一般要求即可，对释放电压值无特殊要求。而直流欠电压继电器吸合电压按其额定电压的 0.3~0.5 整定，释放电压按其额定电压的 0.07~0.2 整定。

(2) 电磁式电流继电器的选择

根据负载所要求的保护作用，分为过电流继电器和欠电流继电器两种类型。

过电流继电器：交流过电流继电器、直流过电流继电器。

欠电流继电器：只有直流欠电流继电器，用于直流电动机及电磁吸盘的弱磁保护。

过电流继电器的主要参数是额定电流和动作电流，其额定电流应大于或等于被保护电动机的额定电流；动作电流应根据电动机工作情况按其启动电流的 1.1~1.3 倍整定。一般，绕线型转子异步电动机的启动电流按 2.5 倍额定电流考虑，笼型异步电动机的启动电流

按 4～7 倍额定电流考虑。直流过电流继电器动作电流接直流电动机额定电流的 1.1～3.0 倍整定。

欠电流继电器选择的主要参数是额定电流和释放电流,其额定电流应大于或等于直流电动机及电磁吸盘的额定励磁电流；释放电流整定值应低于励磁电路正常工作范围内可能出现的最小励磁电流,一般释放电流按最小励磁电流的 0.85 整定。

(3) 电磁式中间继电器的选择

应使线圈的电流种类和电压等级与控制电路一致,同时,触点数量、种类及容量应满足控制电路要求。

3. 热继电器的选择

热继电器主要用于电动机的过载保护,因此应根据电动机的形式、工作环境、启动情况、负载情况、工作制及电动机允许过载能力等综合考虑。

(1) 热继电器结构形式的选择

对于星形连接的电动机,使用一般不带断相保护的三相热继电器能反映一相断线后的过载情况,对电动机断相运行能起保护作用。

对于三角形连接的电动机,则应选用带断相保护的三相结构热继电器。

(2) 热继电器额定电流的选择

原则上按被保护电动机的额定电流选取热继电器。对于长期正常工作的电动机,热继电器中热元件的整定电流值为电动机额定电流的 0.95～1.05；对于过载能力较差的电动机,热继电器热元件整定电流值为电动机额定电流的 0.6～0.8。

对于不频繁启动的电动机,应保证热继电器在电动机启动过程中不产生误动作,若电动机启动电流不超过其额定电流的 6 倍,并且启动时间不超过 6s,可按电动机的额定电流来选择热继电器。

对于重复短时工作制的电动机,首先要确定热继电器的允许操作频率,然后再根据电动机的启动时间、启动电流和得电持续率来选择。

4. 时间继电器的选择

① 电流种类和电压等级：电磁阻尼式和空气阻尼式时间继电器,其线圈的电流种类和电压等级应与控制电路的相同；晶体管式时间继电器,其电源的电流种类和电压等级应与控制电路的相同。

② 延时方式：根据控制电路的要求来选择延时方式,即得电延时型和断电延时型。

③ 触点形式和数量：根据控制电路要求来选择触点形式(延时闭合型或延时断开型)及触点数量。

④ 延时精度：电磁阻尼式时间继电器适用于延时精度要求不高的场合,电动机式或晶体管式时间继电器适用于延时精度要求高的场合。

⑤ 延时时间：应满足电气控制电路的要求。

⑥ 操作频率：时间继电器的操作频率不宜过高,否则会影响其使用寿命,甚至会导致延时动作失调。

5. 熔断器的选择

一般熔断器应根据熔断器类型、额定电压、额定电流及熔体的额定电流来选择。

(1) 熔断器类型

熔断器类型应根据电路要求、使用场合及安装条件来选择,其保护特性应与被保护对象的过载能力相匹配。对于容量较小的照明和电动机,一般是考虑它们的过载保护,可选用熔体熔化系数小的熔断器;对于容量较大的照明和电动机,除过载保护外,还应考虑短路时的分断短路电流能力。若短路电流较小时,可选用低分断能力的熔断器;若短路电流较大时,可选用高分断能力的 RLI 系列熔断器;若短路电流相当大时,可选用有限流作用的 Rh 及 RT12 系列熔断器。

(2) 熔断器额定电压和额定电流

熔断器的额定电压应大于或等于电路的工作电压,额定电流应大于或等于所装熔体的额定电流。

(3) 熔断器熔体额定电流

① 对于照明电路或电热设备等没有冲击电流的负载,应选择熔体的额定电流等于或稍大于负载的额定电流,即

$$I_{RN} \geqslant I_N$$

式中,I_{RN}——熔体额定电流(A);

I_N——负载额定电流(A)。

② 对于长期工作的单台电动机,要考虑电动机启动时不应熔断,即

$$I_{RN} \geqslant (1.5 \sim 2.5) I_N$$

轻载时系数取 1.5,重载时系数取 2.5。

③ 对于频繁启动的单台电动机,在频繁启动时,熔体不应熔断,即

$$I_{RN} \geqslant (3 \sim 3.5) I_N$$

④ 对于多台电动机长期共用一个熔断器,熔体额定电流为

$$I_{RN} \geqslant (1.5 \sim 2.5) I_{NMmax} + \sum I_{NM}$$

式中,I_{NMmax}——容量最大电动机的额定电流(A);

$\sum I_{NM}$——除容量最大电动机外,其余电动机额定电流之和(A)。

(4) 适用于配电系统的熔断器

在配电系统多级熔断器保护中,为防止越级熔断,使上、下级熔断器间有良好的配合,选用熔断器时应使上一级(干线)熔断器的熔体额定电流比下一级(支线)的熔体额定电流大 1~2 个级差。

6. 开关电器的选择

(1) 刀开关的选择

刀开关主要根据使用的场合、电源种类、电压等级、负载容量及所需极数来选择。

① 根据刀开关在电路中的作用和安装位置选择其结构形式。若用于隔断电源时,选用无灭弧罩的产品;若用于分断负载时,则应选用有灭弧罩且用杠杆来操作的产品。

② 根据电路电压和电流来选择。刀开关的额定电压应大于或等于所在电路的额定电压;刀开关额定电流应大于负载的额定电流,当负载为异步电动机时,其额定电流应取为电动机额定电流的 1.5 倍以上。

③ 刀开关的极数应与所在电路的极数相同。

(2) 组合开关的选择

组合开关主要根据电源种类、电压等级、所需触点数及电动机容量来选择。选择时应掌握以下原则:

① 组合开关的通断能力并不是很高,因此不能用它来分断故障电流。对用于控制电动机可逆运行的组合开关,必须在电动机完全停止转动后才允许反方向接通。

② 组合开关接线方式有多种,使用时应根据需要正确选择。

③ 组合开关的操作频率不宜太高,一般不宜超过 300 次/h,所控制负载的功率因数也不能低于规定值,否则组合开关要降低容量使用。

④ 组合开关本身不具备过载、短路和欠电压保护,如需这些保护,必须另设其他保护电器。

(3) 低压断路器的选择

低压断路器主要根据保护特性要求、分断能力、电网电压类型及等级、负载电流、操作频率等方面进行选择。

① 额定电压和额定电流。低压断路器的额定电压和额定电流应大于或等于电路的额定电压和额定电流。

② 热脱扣器。热脱扣器整定电流应与被控制电动机或负载的额定电流一致。

③ 过电流脱扣器。过电流脱扣器瞬时动作整定电流由下式确定:

$$I_Z \geqslant K I_s$$

式中,I_Z——瞬时动作整定电流(A);

I_s——电路中的尖峰电流。若负载是电动机,则 I_s 为启动电流(A);

K——考虑整定误差和启动电流允许变化的安全系数。当动作时间大于 20ms 时,取 $K=1.35$;当动作时间小于 20ms 时,取 $K=1.7$。

④ 欠电压脱扣器。欠电压脱扣器的额定电压应等于电路的额定电压。

(4) 电源开关联锁机构

电源开关联锁机构与相应的断路器和组合开关配套使用,用于接通电源、断开电源和柜门开关联锁,以达到在切断电源后才能打开门,将门关闭好后才能接通电源的效果,实现安全保护。

7. 控制变压器的选择

控制变压器用于降低控制电路或辅助电路的电压,以保证控制电路的安全可靠。控制变压器主要根据一次和二次电压等级及所需要的变压器容量来选择。

① 控制变压器一、二次电压应与交流电源电压、控制电路电压与辅助电路电压相符合。

② 控制变压器容量按下列两种情况计算,依计算容量大者决定控制变压器的容量。

- 变压器长期运行时,最大工作负载时变压器的容量应大于或等于最大工作负载所需要的功率,计算公式为

$$S_T \geqslant K_T \sum P_{XC}$$

式中,S_T——控制变压器所需容量(V·A);

$\sum P_{XC}$——控制电路最大负载时工作的电器所需的总功率,其中 P_{XC} 为电磁器件的吸持功率(W);

项目八 电气控制电路设计

K_T——控制变压器容量储备系数,一般取 $K=1.1\sim1.25$。

- 控制变压器容量应使已吸合的电器在启动其他电器时仍能保持吸合状态,而启动电器也能可靠地吸合,其计算公式为

$$S_T \geqslant 0.6\sum P_{XC} + 1.5\sum P_{st}$$

式中,$\sum P_{st}$——同时启动的电器总吸持功率(W)。

根据以上元件选取方法,确定搅动泵自动控制系统电器元件(见表8-1),需要说明的是,由于元件品种较多,以下元件型号并不是唯一的。

表8-1 搅动泵自动控制系统电器元件明细表

序号	符号	元件名称	型号	规格	件数	用途
1	M	电动机	Y系列	7.5kW	1	搅拌电机
2	KM1	接触器	CJ0—20B	线圈电压110V	1	正转
3	KM2	接触器	CJ0—20B	线圈电压110V	1	反转
4	KT1	时间继电器	JS7—2A	线圈电压110V	1	正转2min延时
5	KT2	时间继电器	JS7—2A	线圈电压110V	1	反转2min延时
6	KT3	时间继电器	JS7—2A	线圈电压110V	1	运行20min延时
7	KT4	时间继电器	JS7—2A	线圈电压110V	1	停止15min延时
8	KA1	中间继电器	JZ7—44	线圈电压110V	1	正转自锁
9	KA2	中间继电器	JZ7—44	线圈电压110V	1	反转自锁
10	KA3	中间继电器	JZ7—44	线圈电压110V	1	运行20min自锁
11	KA4	中间继电器	JZ7—44	线圈电压110V	1	停止15min自锁
12	FR	热继电器	JR16—20/3D	15A	1	过载保护
13	FU1	熔断器	RL1—15	熔芯6A	1	主电路短路保护
14	FU2	熔断器	RL1—15	熔芯2A	1	控制电路短路保护
15	FU3	熔断器	RL1—15	熔芯2A	1	信号电路短路保护
16	TC	变压器	BK—300	380V/110,24V	1	控制电源
17	SB1	按钮	LA2	红色	1	停止
18	SB2	按钮	LA2	绿色	1	启动
19	QS	开关	HZ2—25/3	25A	1	电源开关
20	HL1	信号灯		24V	1	电源指示
21	HL2	信号灯		24V	1	运行指示

(六)设计说明书

本系统是根据控制要求应用传统继电器与接触器控制方式完成控制要求,具有结构简单、经济、操作方便、电器元件购买方便、电气安装调试与维护维修容易的特点。但是该设计方案技术含量低,技术落后,生产工艺调整较麻烦,元件使用较多,设备出现电气故障机会也较大。

如果经济情况可能的话,该控制系统也可以采用小型可编程序控制器(PLC)控制,控制电路如图8-13所示。该控制方式运行可靠,调整工艺方便。

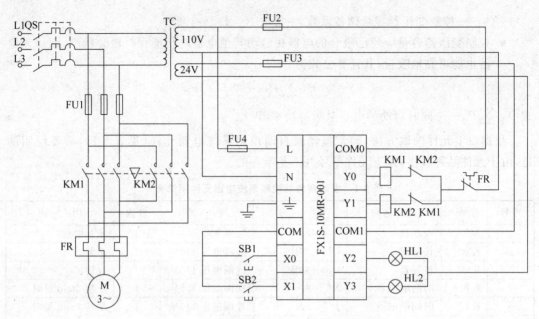

图 8-13 PLC 控制搅动泵自动控制系统电路图

二、设计训练

训练题一：用继电器控制方法设计一水箱水位电气控制原理图

控制要求如下：

① 由两台完全相同的水泵供水(电机功率为 5.5kW)，两泵交替运行。

② 按下启动按钮，水泵 1 工作，水箱进水，待水箱水位升至高水位时，水泵 1 停止工作。

③ 当用户用水使水箱水位下降至低水位时，水泵 2 工作，水箱进水，待水箱水位升至高水位时，水泵 2 停止工作。

④ 当用户用水使水箱水位再次下降至低水位时，水泵 1 工作，水箱进水，待水箱水位升至高水位时，水泵 1 停止工作，如此循环。

⑤ 按下停止按钮，供水系统停止工作。

⑥ 水位检测用浮球开关(超过检测水位时浮球开关触点断开)。

⑦ 按照标准电气图纸的设计要求进行绘制。

训练题二：用继电器控制方法设计一自动送料机械电气控制原理图

内容：某一自动送料机械，由双速电机拖动，沿固定轨道往返。

控制要求为：按启动按钮后，送料机从原地 A 快速行至 B，然后转慢速接近目的地 C，到达 C 点后，停留 30s 后快速返回原地 A。电机为 YD90L-6/4，0.85/1.1kW。

工进过程如图 8-14 所示，设计电气工作原理图，选用合适的元器件。

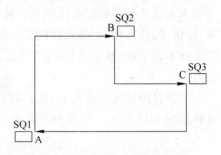

图 8-14 自动送料机械工进过程

设计要求:

① 设计主电路、控制电路,电路应具备必要的电气联锁和保护。

② 绘制电路图,选择电器元件,列出元件清单。

项目评价

完成任务一、任务二的学习与技能训练后,填写表 8-2 所列项目评价表。

表 8-2 电气控制电路设计评分表

项目名称				姓名		总分	
序号	项目	考核要求	配分	评分标准		扣分	备注
1	电气控制电路的一般设计要求	能正确分析并加以改进	10	一处不符合扣 2 分			
2	电路设计	主电路设计正确,符合题意	15	一处不符合扣 5 分			
		控制电路设计正确,符合题意	25	一处不符合扣 5 分			
		由题意产生的各种必要保护齐全	10	一处不符合扣 5 分			
		设计电路经济、实用	5	一处不符合扣 2.5 分			
3	电路绘制	图纸完整、布局合理、大小适中	10	一处不符合扣 5 分			
		图形符号符合国标	10	一处不符合扣 2 分			
		文字符号、线号标注完整,符合国标	5	一处不符合扣 1 分			
		线条清晰,横平竖直	5	一处不符合扣 1 分			
		元器件清单符合标准	5	一处不符合扣 1 分			

思考与练习八

8.1 电气控制电路设计有哪些内容?

8.2 叙述电气控制电路设计的一般要求。

8.3 一般电气控制电路具有哪些保护内容?

8.4 电动机的额定功率根据什么来选择?

8.5 电磁式电压继电器根据什么来选择?

8.6 控制变压器根据什么来选择?

项目九　CA6140车床电气控制电路的分析与故障排除

知识目标：
① 能简述机床日常维护保养工作主要内容。
② 能简述CA6140车床的主要作用，以及主要的机械运动控制方法。
③ 能解释CA6140车床电气控制电路的工作过程。

能力目标：
① 会维护保养电器元件。
② 会简单操作CA6140车床。
③ 能够描述常见机床故障现象，会分析故障范围，会用电阻法维修CA6140车床的电气故障。

任务一　识读CA6140普通车床电气控制电路

本任务主要介绍CA6140主要机械结构、车床的作用、机械动作过程、电气控制电路的工作过程。

一、相关知识

车床是一种应用极为广泛的金属切割机床，能够车削外圆、内圆、端面、螺纹，车削定型表面，并可用钻头、铰刀等进行加工。CA6140车床外形如图9-1所示。

图9-1　CA6140车床外形

（一）CA6140车床的基本知识
1. CA6140车床主要机械结构及运动
（1）主要结构
CA6140车床主要有床身、主轴箱、挂轮箱、进给箱、溜板箱、刀架、尾座、光杠和丝杠等部分组成,如图 9-2 所示。

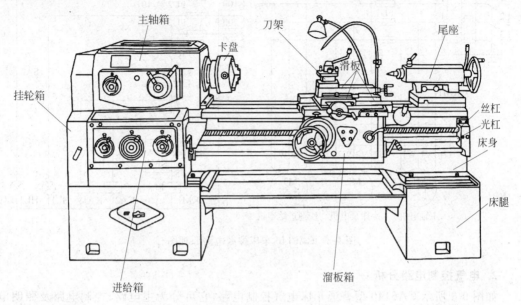

图 9-2　CA6140 车床结构图

(2) 运动情况

车床的主运动为工件的旋转运动,由主轴通过卡盘或顶尖带动工件旋转。由于工件的材料、工件尺寸、车刀、加工方式及冷却条件等不同,要求的切削速度也不同,这就要求主轴要有相当大的调速范围。为适应加工螺纹的需要,要求主轴实现正反转运行。

车床的进给运动为刀架的纵向与横向直线运动。纵向与横向进给运动可由主轴箱的输出轴,经挂轮箱、进给箱、光杠传入溜板箱获得,也可手动实现。加工螺纹时,工件的旋转速度与刀具的进给速度应有严格的比例关系。

车床的辅助运动为溜板箱的快速移动、尾座的移动和工件的夹紧与松开等。

2. 电气控制特点及控制要求

① 主轴电动机是笼型三相异步电动机,不进行电气调速。

② 主轴电动机单向运行。主轴正反转采用机械方法来达到目的。

③ 主轴电动机的启动、停止采用按钮操作,电动机采用直接启动,停止采用机械制动。

④ 刀架移动和主轴转动有固定的比例关系,这由机械传动保证,对电气方面无任何要求。

⑤ 车削加工时,有时需要冷却,因而应该配有冷却泵电动机。要求在主轴电动机启动后,冷却泵方可选择开动与否,而当主轴电动机停止时,冷却泵应立即停止。

⑥ 必须有过载、短路、失压保护。

⑦ 具有安全的局部照明装置。

(二) CA6140 车床的机械运动电气控制

1. CA6140 车床控制电路

CA6140 车床控制电路如图 9-3 所示。

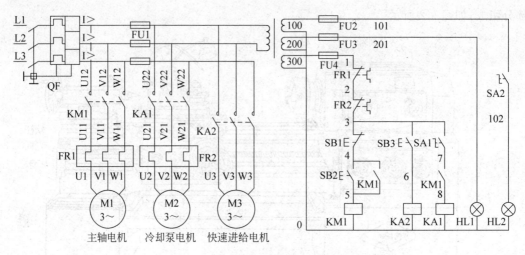

图 9-3 CA6140 车床控制电路原理图

2. 电气控制电路分析

如图 9-3 所示 CA6140 型普通车床电气控制电路,它可分为主电路、控制电路及照明电路三部分。

(1) 主电路分析

三相交流电源通过转换开关 QS1 引入。主电路中共有三台电动机,M1 为主轴电动机,带动主轴旋转和刀架作进给运动;M2 为冷却泵电动机;M3 为刀架快速移动电动机。

主轴电动机 M1 由接触器 KM1 控制启动,热继电器 FR1 为主轴电动机 M1 的过载保护装置。冷却泵电动机 M2 由中间继电器 KA1 控制启动,热继电器 FR2 为它的过载保护。刀架快速移动电动机 M3 由中间继电器 KA2 控制启动,由于 M3 是短期工作,故未设过载保护。

(2) 控制电路分析

① 控制回路的电源由控制变压器 TC 二次输出 110V 电压提供。控制变压器 TC 的二次侧分别输出 24V 和 6V 电压,作为机床低压照明灯和信号灯的电源。

② 主轴电动机控制电路。如图 9-4 所示为主轴电动机控制电路,按下启动按钮 SB2,接触器 KM1 的线圈得电动作,其主触点闭合,主轴电动机启动运行。同时,KM1 的自锁触点和另一副动合触点闭合。按下蘑菇型停止按钮 SB1,主轴电动机 M1 停车。

③ 冷却泵电动机控制电路。如图 9-6 所示为冷却泵电动机控制电路,如果车削加工过程中,工艺需要使用冷却液时,可先合上开关 QS2,在主轴电动机 M1 运转情况下,接触器 KA1 线圈得电吸合,其主触点闭合,冷却泵电动机得电而运行。由电气原理图可知,只有当主轴电动机 M1 启动后,冷却泵电动机 M2 才有可能启动,当 M1 停止运行

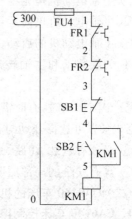

图 9-4 主轴电动机控制电路

时，M2 也自动停止。

④ 刀架快速移动电动机控制。如图 9-6 所示为刀架快速移动电动机控制电路，刀架快速移动电动机 M3 的启动是由安装在进给操纵手柄顶端的按钮 SB3 来控制，它与中间继电器 KA2 组成点动控制环节。将操纵手柄扳到所需的方向，压下按钮 SB3，继电器 KA2 得电吸合，M3 启动，刀架就向指定方向快速移动。

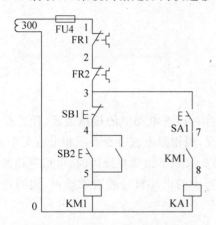
图 9-5 冷却泵电动机控制电路

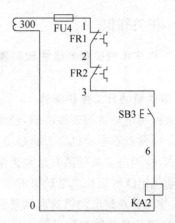
图 9-6 刀架快速移动电动机控制电路

⑤ HL2 为机床的低压照明灯，由开关 SA2 控制；HL1 为电源的信号灯。

二、技能训练

（一）训练目的
① 认识 CA6140 车床主要机械结构，电气驱动的运动部件。
② 认识 CA6140 车床主要电气部件，了解电气部件作用。
③ 会操作 CA6140 车床进行主轴运动、快速进给、开冷却泵。

（二）训练器材
CA6140 车床(或模拟车床)。

（三）训练内容与步骤

1. 训练内容

操作 CA6140 车床，观察电气控制部件的动作情况。

2. 训练步骤

① 观察车床机械结构，打开控制柜，观察电气控制部件。
② 合上电源，按下主轴启动按钮，观察主轴运转情况；按下主轴停止按钮，观察主轴停止情况。
③ 操作主轴正反转。
④ 主轴启动后，打开冷却泵开关，观察冷却泵电动机能否启动。
⑤ 主轴停止，打开冷却泵开关，观察冷却泵电动机能否启动。
⑥ 控制刀架做前后左右运动。
⑦ 操作低压照明灯。

任务二　电阻法排除车床电气故障

本任务主要介绍机床电气设备维护和保养内容、车床故障判别方法、车床故障分析方法、车床电气故障维修方法。

一、相关知识

（一）机床电气设备的维护和保养

1. 电动机的日常维护保养

经常保持电动机的表面清洁，经常检查绝缘电阻，检查电动机的接地装置，使之保持牢固可靠。经常查看电动机是否有超负荷运行的情况，用钳形电流表查看三相电流是否正常、是否平衡，检查电动机的温升是否正常。对温升较高又找不出明显原因时，可根据铭牌上所示的电动机绝缘等级检测电动机的温升。检查运行中的电动机是否有摩擦声、尖叫声和其他杂声，并注意观察电动机的启动是否困难。

2. 电器元件的维护和保养

机床各部件之间的连接导线、电缆或保护导线的软管，不得被冷却液、油污等腐蚀，管接头处不得产生脱落或散头等现象。机床的按钮站、操纵台上的按钮、主令开关的手柄、信号灯及仪表护罩都应保持清洁完好。经常检查动作频繁且电流较大的接触器、继电器触点。检修有明显噪声的接触器和继电器，找出原因并修复后方可继续使用，否则应更换新件。校验热继电器，看其是否能正常动作。校验结果应符合热继电器的动作特性。校验时间继电器，看其延时时间是否符合要求。如误差超过允许值，应预调整或修理，使之重新达到要求。

（二）机床电气设备的故障检修

1. 机床电气设备的故障

（1）引起机床电气设备故障的原因

一种原因是长久使用，自然老化等产生的故障，即自然故障，另一种是人为操作不当等引起的故障，即人为故障。

（2）故障的类型

① 故障有明显的外表特征并容易被发现。例如电动机、电器的显著发热、冒烟、散发出焦臭味或火花等。

② 故障没有外表特征。这一类故障是控制电路的主要故障。例如在电气电路中由于电器元件调整不当造成的故障。

2. 故障的分析

当机床发生电气故障后，为了尽快找出故障原因，常按下列步骤进行检查和分析，以排除故障。

（1）修理前的调查研究发现故障现象

① 问：首先向机床的操作者了解故障发生的前后情况。

② 看：观察熔断器内的熔丝是否熔断，电器元件及导线连接处有无烧焦痕迹。

项目九 CA6140车床电气控制电路的分析与故障排除

③ 听:电动机、控制变压器、接触器、继电器运行中声音是否正常。

④ 摸:在机床电气设备运行一段时间后,切断电源用手触摸有关电器的外壳或电磁线圈,试其温度是否显著上升,是否有局部过热现象。

(2) 根据故障现象,依据机床电气原理图分析并确定产生故障的可能范围

任何一台机床的电气控制电路,总是由主电路和控制电路两大部分组成,而控制电路又可分为若干基本控制电路或环节(如点动、正反转、降压启动、制动、调速等)。分析电路时,通常首先从主电路入手,了解机床各运动部件和机构采用了几台电动机拖动,从每台电动机主电路中接触器主触点的连接方式,大致可看出电动机是否有正反转控制,是否采用了降压启动、是否有制动控制、是否有调速控制等;依据接触器主触点的文字符号在控制电路中找到相对应的控制电路,联系到机床对控制电路的要求和前面所学的各种基本电路的知识,逐步深入了解各个具体的电路由哪些电器组成,它们相互间联系等,结合故障现象和电路工作原理进行分析,便可迅速判断出故障发生的可能范围,以便进一步分析和找出故障发生的确切部位。

根据故障现象判断故障范围的方法:

① 首先要熟悉机床的各种运动与电气控制之间的关系。

② 要熟悉机床电气控制电路各个回路的作用。

③ 要知道机床电气控制电路各个回路的联系。

④ 要注意观察继电器或接触器的动作情况。

⑤ 要把各种情况综合起来考虑故障范围。

例如:假设仅有一个故障点,主轴不能启动,其他正常,分析可能的故障范围。

在检查故障点时,为节省维修时间、提高维修效率,在明确故障现象后,应该先分析故障范围。确定故障范围的方法是:分析电路原理图,先确定相关故障的大范围,根据如图9-3所示CA6140车床控制电路原理图,逐一列示出可能引起主轴故障的原因,如1、2、3、4、5、0号线以及KM1接触器线圈,或者控制电源出现故障,或者主轴电动机主电路部分出现故障。然后通过排除法排除部分不可能的故障范围,缩小故障范围。因为假设的是一个故障点,仅主轴不能启动,所以控制电源不可能有问题,如果有的话,进给、冷却泵也无法运行,把控制电源部分排除。那么1、2、3、4、5、0号线以及KM1接触器线圈是否可能有问题呢?也不可能,因为冷却泵可以工作,说明接触器KM1线圈可以得电工作,为冷却泵得电做准备,既然接触器KM1线圈可以得电,说明1、2、3、4、5、0号线以及KM1接触器线圈正常。最后确定可能的故障范围是主轴电动机主电路部分出现故障。

例如:无主轴运动与冷却泵运动,继电器与接触器不吸合,快速移动电动机正常。

由于刀架快速移动电动机正常,所以1和2号线正常。考虑到主轴与冷却泵有顺序关系,即控制主轴的接触器KM不能得电,控制冷却泵的中间继电器也不能得电,所以故障范围可能是3、4、5、0号线。

3. 故障的检查

(1) 进行外表检查

在判断了故障可能发生的范围后,在此范围内对有关电器元件进行外表检查,这时常常能发现故障的确切部位。例如:熔断器熔丝熔断、接线头松动或脱落,接触器或继电器触点

脱落或接触不良,线圈烧坏使表层绝缘纸烧焦变色,烧化的绝缘漆流出,弹簧脱落或断裂,电气开关的动作机构受阻失灵等,都能明显地表明故障点所在。

(2) 试验控制电路的动作顺序

经外表检查未发现故障点时,则可采用得电试验控制电路动作顺序的办法来进一步查找故障点。具体做法是:操作某一只按钮或开关,电路中有关的接触器、继电器将按规定的动作顺序进行工作。若依次动作至某一电器元件发现动作不符,即说明此元件或其相关电路有问题。再在此电路中进行逐项分析和检查,一般到此便可发现故障。在得电试验时,必须注意人身和设备的安全。要遵守安全操作规程,不得随意触动带电部分,要尽可能切断电动机主电路电源,只在控制电路带电的情况下进行检查;如需要电动机运转,则应使电动机在空载下运行,避免机床运动部分发生误动作和碰撞;要暂时隔断有故障的主电路,以免故障扩大,并预先充分估计到局部电路动作后可能发生的不良后果。

(3) 利用仪表器材检查

利用各种电工测量仪表对电路进行电阻、电流、电压等参数的测量,以此进一步寻找或判断故障,是电器维修工作中的一项有效措施。如利用万用表、钳形电流表、兆欧表、试电笔等仪表来检查电路,能迅速有效地找出故障原因。检查故障常用的方法:电压测量法、电阻测量法、短接法。

4. 电阻测量法的应用

电阻测量法由于是断电测量所以比较安全,缺点是测量电阻不准确,特别是寄生电路对测量电阻影响较大。

(1) 分阶测量法

如图 9-7 所示控制电路,按启动按钮 SB2,若接触器 KM1 不吸合,说明该电气回路有故障。检查时,先断开电源(拆下熔断器),把万用表转到电阻挡,按下 SB2 不放,测量 1-0 两点间的电阻。如果电阻为无穷大,说明电路断路;然后逐段分阶测量 1-2、1-3、1-4、1-5、1-0 各点间的电阻值,当测量到某标号时,若电阻突然增大,说明表棒刚跨过的触点或连接线接触不良或断路,具体方法和操作如图 9-8 所示。

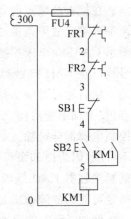

图 9-7 控制电路示例

(2) 分段电阻测量法

电阻的分段测量法如图 9-9 所示。检查时先切断电源,按下启动按钮 SB2,然后逐段测量相邻两标号点间 1-2、2-3、3-4、4-5、5-0 的电阻。如测得某两点间电阻很大,说明该触点接触不良或导线断路。例如测得 2-3 两点间电阻很大时,说明停止按钮 SB1 接触不良。

(3) 注意事项

① 用电阻测量法检查故障时一定要断开电源。

② 所测量电路如与其他电路并联,必须将该电路与其他电路断开,否则所测电阻值不准确。

③ 测量高电阻电器元件,要将万用表的电阻挡转到适当的量程挡位置。

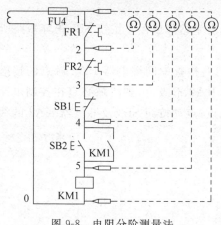

图 9-8 电阻分阶测量法

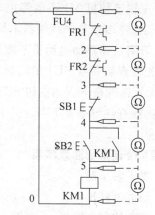

图 9-9 电阻分段测量法

(4) 修复及注意事项

当找出电气设备的故障后,就要着手进行修复、试运转、记录等过程,然后交付使用。这里必须注意如下事项:

① 在找出电气设备故障点和修复故障时应注意,不能把找出的故障点作为寻找故障的终点,还必须进一步分析查明产生故障的根本原因。

② 在故障点的修理工作中,一般情况下应尽量做到复原。但是,有时为了尽快恢复机床的正常运行,根据实际情况也允许采取一些适当的应急措施,但绝不可凑合行事。

③ 机床需要得电试运行时,应和操作者配合,避免出现新的故障。

④ 每次排除故障后,应及时总结经验,并做好维修记录。记录的内容可包括:机床的型号、名称、编号、故障发生日期、故障现象、部位、损坏的电器、故障原因、修复措施及修复后的运行情况等。记录的目的:作为档案以备日后维修时参考,通过对历次故障分析,采取相应的有效措施,防止类似事故的再次发生,或对电气设备本身的设计提出改进意见等。

(三) 常见电气故障分析及检查

1. 主轴电动机 M1 不能启动

主轴电动机 M1 不能启动分许多情况,如按下启动按钮 SB2,M1 不能启动;运行中突然自行停车,并且不能立即再启动;按下 SB2,FU2 熔丝熔断;当按下停止按钮 SB1 后,再按启动按钮 SB2,电动机 M1 不能再启动。

发生以上故障,应首先确定故障发生在主电路还是在控制电路。依据是接触器 KM1 是否吸合。若是主电路故障,应检查车间配电箱及分支电路开关的熔断器熔丝是否熔断,导线连接处是否有松脱现象,KM1 主触点接触是否良好。若是控制电路故障,主要检查熔断器 FU2 是否熔断,过载保护 FR1 是否动作,接触器线圈 KM1 接线端子是否松脱,按钮 SB1、SB2 触点接触是否良好等。

2. 主轴电动机 M1 启动后不能自锁

当按下启动按钮 SB2 时,主轴电动机能启动运转,但松开 SB2 后,M1 也随之停止。造成这种故障的原因是接触器 KM1 动合辅助触点(自锁触点)的连接导线松脱或接触不良。

3. 主轴电动机 M1 不能停止

这类故障多数是因接触器 KM1 的主触点发生熔焊或停止按钮 SB1 击穿短路所致。

4. 刀架快速移动电动机不能启动

首先检查熔断器 FU1 的熔丝是否熔断,然后检查中间继电器 KA2 触点的接触是否良好;若无异常或按下点动按钮 SB3 时,继电器 KA2 不吸合,则故障必定在控制电路中。这时应依次检查热继电器 FR1 和 FR2 的动断触点,点动按钮 SB3 及继电器 KA2 的线圈有否断路现象。

（四）检查排故注意事项

① 先了解情况。
② 知道怎样操作。
③ 熟悉控制电路。
④ 在指导教师指导下进行排故练习。
⑤ 注意安全。

二、技能训练

（一）训练目的

① 认识 CA6140 车床电气故障现象。
② 会根据电气故障现象判断故障范围。
③ 会用电阻测量法检查故障点。
④ 能够正确排除简单的故障。

（二）训练器材

CA6140 车床(或模拟车床)。

（三）训练内容与步骤

1. 训练内容

CA6140 车床电气故障判断与维修。

2. 训练步骤

(1) 观察车床电气部分故障现象

① 中间继电器 KA1 触点在主电路中有两相接触不良,如图 9-10 中①所示,将会产生什么故障?故障现象是什么?

由于中间继电器 KA1 触点在主电路中有两相接触不良,冷却泵不能启动,其他正常。

② 熔断器 FU1 有一相熔断,如图 9-10 中②所示,将会产生什么故障?故障现象是什么?

由于 W 相断开,没有影响控制电源变压器,所以控制电路可以正常工作,主轴可以正常运行,工作灯、信号灯也可以正常工作。但是冷却泵与快速进给电动机缺一相电源,会形成电动机的缺相运行,刀架不能快速移动,容易使冷却泵与快速进给电动机过热甚至烧毁。

③ 如图 9-10 中③所示,3 号线在③的位置出现脱落,将会产生什么故障?故障现象是什么?

在控制电路 3 号线在③的位置出现脱落,会造成冷却泵不能工作、刀架不能快速移动。

④ 如图9-10③所示,4号线在④的位置出现脱落,将会产生什么故障?故障现象是什么?

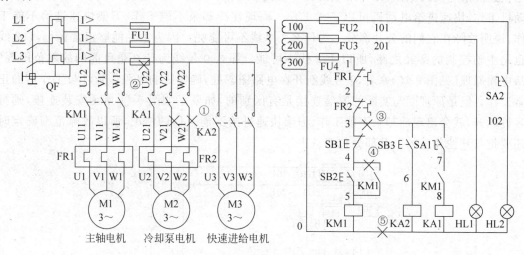

图9-10 CA6140车床控制电路原理图

控制电路中4号线在④的位置出现脱落,会造成主轴无自锁,仅能点动运行。

⑤ 如图9-10中⑤所示,0号线在⑤的位置出现脱落将会产生什么故障?故障现象是什么?

控制电路中0号线(地线)在⑤的位置出现脱落,会造成冷却泵不能工作、刀架不能快速移动,以及电源信号灯不亮,工作灯不亮。

(2) 用电阻测量法检查故障点

例如冷却泵不能工作、刀架快速进给不能工作,其他正常。故障排除过程分析如下:

① 操作机床。

机床出现故障,对于维修人员,首先要调查情况,同时维修人员也要实际操作一下机床。操作时要注意安全,不要扩大故障。一般情况下,所有控制开关都要操作一遍,因为有些故障是相互影响的。

② 判断故障现象。

通过操作,看一看运动部件哪些可以运动,哪些不能运动,出现什么问题。听一听电动机的声音,继电器、接触器吸合情况。操作过程中把异常的情况记录下来,通过全面了解情况可以帮助判别故障范围。

③ 分析故障范围。

在了解故障现象后,结合电路原理图,分析故障的可能范围。对于本例,冷却泵不能工作、刀架快速进给不能工作,其他正常。可能的故障范围初步确定为主电路的熔断器FU2的W相电源断开,或FU2后的W相电源断开,以及控制电路的3号线、0号线出现故障。如果中间继电器KA1、KA2在操作过程中能够吸合,则控制电路正常,故障范围可缩小为主电路。如果中间继电器KA1、KA2在操作过程中不能吸合,说明控制电路有问题,如果设置了一个故障点,则故障范围可缩小为3号线、0号线。为什么说是3号线、0号线呢?因为中间继电器 KA1、KA2 线圈得电的公共回路要通过 3 号线、0 号线。如果 6 号线断开,只影响快速进给电动机工作,冷却泵电动机可以正常工作。如果 7、8 号线断开,只影响冷却泵电动机工作,快速进给电动机可以正常工作。而现在冷却泵不能工作、刀架快速进给不能工作,说明故障在它们的公共部分。为什么 1、2 线不可能呢?因为主轴能够正常运行,1、2 线也是主轴控制的必经之路,所以 1、2 线不可能。那么 0 号线为什么是可能的故障范围呢?从电路原理(见图 9-10)来看,0 号线断开在电路图⑤处,确实影响电源信号灯与工作灯的正常工作。但是原理图与实际的安装连接是有区别的,如果是如图 9-11 所示安装连接,则打×处断开,就会出现冷却泵不能工作、刀架快速进给不能工作的情况,所以故障范围确定时还要把与其他相关的公共部分包含进去。

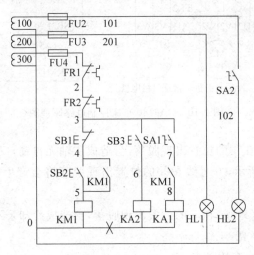

图 9-11 CA6140 车床控制电路接线示例

④ 检查故障点。

在确定故障范围后,可以使用仪表进行检查。如用万用表的电阻挡进行检查,要断开机床电源,进行断电测量。为减少寄生回路的影响,最好断开寄生回路(把 FU4 的熔断器的熔芯拆下)。如果断开寄生回路有困难,万用表电阻挡的量程最好选择×1 电阻挡,这样可以减少寄生回路的影响(如电源变压器的次级与控制电路构成的回路)。另外,在测量时要注意触点接触电阻对测量结果的影响。

在测量 3 号线时,要注意所有 3 号线之间的测量电阻应该为 0,如果很大或无穷大,则说明此处的 3 号线有问题。

在测量 3 号线时,由于 3 号线较多,找起来比较费时,如何比较快地找到要找的线号呢?可以通过找元器件找线,如停止按钮 SB1、热继电器 FR2、快速进给按钮 SB3、冷却泵开关 SA1 以及端子排上都有 3 号线。

⑤ 排除故障。

在检查到故障点后,要把故障排除。如果能够维修尽量维修,不能维修必须更换的应更换。排除故障后,还要再次检查,确保没有任何问题再通电试车。

项目九 CA6140车床电气控制电路的分析与故障排除

⑥ 得电试车。

在排除故障后,还要对机床通电试车。如试车发现还有问题,应全面检查,继续上面的过程。如果没有问题,证明排故成功。

项目评价

完成任务一、任务二的学习与技能训练后,填写表 9-1 所列项目评价表。

表 9-1 CA6140 车床电气排故评分表

项目名称				姓名		总分	
序号	项目	考核要求	评分标准	配分	扣分	备注	
1	熟悉 CA6140 车床	能正确指认机床机械和电器部件,会简单操作 CA6140 车床	指认不正确或是操作不熟练,一次扣 2 分	10			
2	调查故障	1. 对故障进行调查,弄清出现故障时的现象 2. 查阅有关记录	排除故障前不进行调查研究,扣 10 分。调试不熟练、故障现象分析不全面,酌情扣 5~10 分	10			
3	故障分析	1. 根据故障现象,分析故障原因,思路正确 2. 判明故障部位	1. 故障分析思路不够清晰,扣 20 分 2. 不能确定最小故障范围,扣 20 分	30			
4	故障排除	1. 正确使用工具和仪表 2. 找出故障点并排除故障 3. 排除故障时要遵守电缆检修的有关工艺要求 4. 根据情况进行电气试验	1. 不能找出故障点,扣 15 分 2. 不能排除故障,扣 15 分 3. 排除故障方法不正确,扣 10 分 4. 根据故障情况不会进行电气试验,扣 10 分	50			
5	安全文明	操作如有失误,要从此项总分中扣分	1. 排除故障时,产生新的故障后不能自行修复,每个故障从本项总分中扣 30 分;已经修复,每个故障从本项总分中扣 5 分 2. 损坏电缆,从本项总分中扣 10~40 分				

注:① 本项目满分 100 分。
② 本项目训练时间限定在 30min。
③ 本项目故障点仅设置 1 个。

知识拓展　认识 M7120 平面磨床的电气控制电路

磨床是用砂轮的周边或端面进行机械加工的精密机床。磨床的种类很多,有平面磨床、外圆磨床、内圆磨床、无心磨床以及一些专用磨床。

一、平面磨床主要结构及运动形式

1. 主要结构

如图 9-12 所示是 M7120 平面磨床实物图。M7120 平面磨床主要由床身、工作台垂直进给手轮、横向进给手轮、立柱、滑座、行程撞块、砂轮箱、驱动工作台手轮和电磁吸盘等组成。

2. 运动形式及控制要求

① 砂轮的旋转运动　由砂轮电动机 M2 直接带动砂轮旋转运动(是平面磨床的主运动),对工件进行磨削加工。通常采用三相笼型异步电动机直接拖动。

② 砂轮的升降运动　砂轮升降电动机 M4 使滑座在立柱导轨上做垂直运动,要求能正反转。

③ 工作台的往返运动　工作台的纵向往返运动是靠液压泵电动机 M1 经液压传动装置进行的,运行较平稳,能实现无级调速。工作台的换向由撞块碰撞床身上的液压换向开关控制。

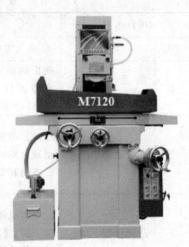

图 9-12　M7120 平面磨床实物图

④ 冷却液的供给　冷却液泵电动机 M3 供给砂轮和工件冷却液,并要求它在砂轮电动机运转后才能运转。M7120 型平面磨床采用电磁吸盘吸持工件,因此,要求有充磁和去磁控制环节。为了保证安全生产,电磁吸盘与 M1、M3、M4 三台电动机之间有电气联锁装置。电磁吸盘不工作或发生故障时,三台电动机均不能启动。

M7120 平面磨床上的信号显示电路能正确地反映四台电动机和电磁吸盘的工作情况。

二、电气控制电路分析

M7120 平面磨床的电气控制电路如图 9-13 所示,分为主电路、控制电路、电磁工作台控制电路及指示灯电路四部分。

1. 主电路分析

主电路中共有四台电动机,其中 M1 是液压泵电动机,实现工作台的往复运动;M2 是砂轮电动机,带动砂轮转动来完成磨削加工工件;M3 是冷却泵电动机;它们只要求单向旋转,分别用接触器 KM1、KM2 控制。冷却泵电动机 M3 只有在砂轮电动机 M2 运转后才能运转。M4 是砂轮升降电动机,用于磨削过程中调整砂轮与工件之间的位置。

M1、M2、M3 是长期工作的,所以都装有过载保护装置。M4 是短期工作的,不设过载保护装置。四台电动机共用一组熔断器 FU1 作短路保护。

项目九　CA6140车床电气控制电路的分析与故障排除

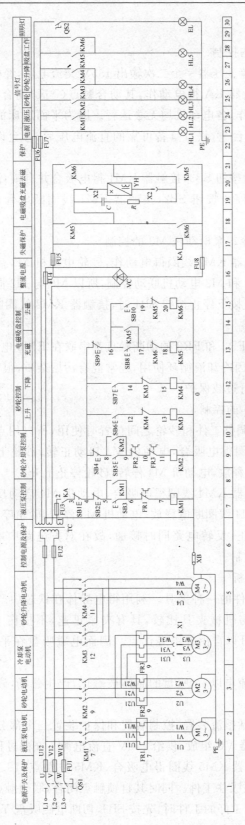

图 9-13　M7120 平面磨床电气控制电路

2. 控制电路分析

(1) 液压泵电动机 M1 的控制

合上总开关 QS1 后,整流变压器一个二次输出 135V 交流电压,经桥式整流器 VC 整流后得到直流电压,使电压继电器 KA 得电动作,其动合触点(7 区)闭合,为启动电动机做好准备。如果 KA 不能可靠动作,各电动机均无法运行。因为平面磨床的工件靠直流电磁吸盘的吸力将工件吸牢在工作台上,只有具备可靠的直流电压后,才允许启动砂轮和液压系统,以保证安全。

当 KA 吸合后,按下启动按钮 SB3,接触器 KM1 得电吸合并自锁,液压泵电动机 M1 启动运转,HL2 灯亮。若按下停止按钮 SB2,接触器 KM1 线圈断电释放,电动机 M1 断电停转。

(2) 砂轮电动机 M2 及冷却泵电动机 M3 的控制

按下启动按钮 SB5,接触器 KM2 线圈得电动作,砂轮电动机 M2 启动运转。由于冷却泵电动机 M3 通过接插器 X1 和 M2 电动机联动控制,所以 M3 与 M2 同时启动运转。当不需要冷却时,可将插头拉出。按下停止按钮 SB4 时,接触器 KM2 线圈断电释放,M2 与 M3 同时断电停转。

两台电动机的热继电器 FR2 和 FR3 的动断触点都串联在 KM2 电路中,只要有一台电动机过载,就使 KM2 失电。因冷却液循环使用,经常混有污垢杂质,很容易引起电动机 M3 过载,故用热继电器 FR3 进行过载保护。

(3) 砂轮升降电动机 M4 的控制

砂轮升降电动机只有在调整工件和砂轮之间位置时使用,所以用点动控制。当按下点动按钮 SB6,接触器 KM3 线圈得电吸合,电动机 M4 启动正转,砂轮上升。达到所需位置时,松开 SB6,KM3 线圈断电释放,电动机 M4 停转,砂轮停止上升。

按下点动按钮 SB7,接触器 KM4 线圈得电吸合,电动机 M4 启动反转,砂轮下降,当到达所需位置时,松开 SB7,KM4 线圈断电释放,电动机 M4 停转,砂轮停止下降。

为了防止电动机 M4 的正、反转电路同时接通,故在对方电路中串入接触器 KM4 和 KM3 的动断触点进行连锁控制。

3. 电磁吸盘控制电路分析

电磁吸盘是固定加工工件的一种夹具。利用得电导体在铁芯中产生的磁场吸牢铁磁材料的工件,以便加工。它与机械夹具比较,具有夹紧迅速,不损伤工件,一次能吸牢若干个小工件,以及工件发热可以自由伸缩等优点。因而电磁吸盘在平面磨床上用得十分广泛。

当电磁吸盘线圈通上直流电以后,吸盘的芯体被磁化,产生磁场,磁通便以芯体和工件作回路,工件被牢牢吸住。

电磁吸盘的控制电路包括整流装置、控制装置和保护装置三个部分。整流装置由变压器 TC 和单相桥式全波整流器 VC 组成,供给 110V 直流电源。充磁过程如下:

按下充磁按钮 SB8,接触器 KM5 线圈得电吸合,KM5 主触点(18、21 区)闭合,电磁吸盘 YH 线圈得电,工作台充磁吸住工件。同时其自锁触点闭合,联锁触点断开。

磨削加工完毕,在取下加工好的工件时,先按 SB9,切断电磁吸盘 YH 的直流电源,由于吸盘和工件都有剩磁,所以需要对吸盘和工件进行去磁。

去磁过程如下:

按下点动按钮 SB10,接触器 KM6 线圈得电吸合,KM6 的两副主触点(18、21 区)闭合,电磁吸盘通入反向直流电,使工作台和工件去磁。去磁时,为防止因时间过长使工作台反向磁化,再次吸住工件,因而接触器 KM6 采用点动控制。

保护装置由放电电阻 R 和电容 C 以及零压继电器 KA 组成。电阻 R 和电容 C 的作用是:电磁吸盘是一个大电感,在充磁吸工件时,存贮有大量磁场能量。当它脱离电源时的一瞬间,吸盘 YH 的两端产生较大的自感电动势,会使线圈和其他电器损坏,故用电阻和电容组成放电回路。利用电容 C 两端的电压不能突变的特点,使电磁吸盘线圈两端电压变化趋于缓慢,利用电阻 R 消耗电磁能量。如果参数选配得当,此时 R-L-C 电路可以组成一个衰减振荡电路,对去磁将是十分有利的。零压继电器 KA 的作用是:在加工过程中,若电源电压不足时,则电磁吸盘将吸不牢工件,会导致工件被砂轮打出,造成严重事故。因此,在电路中设置了零压继电器 KA,将其线圈并联在直流电源上,其动合触点(7 区)串联在液压泵电动机和砂轮电动机的控制电路中,若电磁吸盘吸不牢工件,KA 就会释放,使液压泵电动机和砂轮电动机停转,保证了安全。

4. 照明和指示灯电路分析

EL 为照明灯,其工作电压为 24V,由变压器 TC 供给。QS2 为照明负荷隔离开关。

HL1、HL2、HL3、HL4 和 HL5 为指示灯,其工作电压为 6V,也由变压器 TC 供给。五个指示灯的作用是:

HL1 亮,表示控制电路的电源正常;不亮,表示电源有故障。

HL2 亮,表示液压泵电动机 M1 处于运转状态,工作台正在进行往复运动;不亮,表示 M1 停转。

HL3 亮,表示冷却泵电动机 M3 及砂轮电动机 M2 处于运动状态;不亮,表示 M2、M3 停转。

HL4 亮,表示砂轮升降电动机 M4 处于工作状态;不亮,表示 M4 停转。

HL5 亮,表示电磁吸盘 YH 处于工作状态(充磁或去磁);不亮,表示电磁吸盘未工作。

三、常见电气故障分析及检查

对于电动机不能启动,砂轮升降失灵等故障,基本检查方法和车床、钻床一样,主要是检查熔断器、接触器等元件。这里的特殊问题是电磁吸盘的故障。

1. 电磁吸盘没有吸力

首先检查变压器 TC 的整流输入端熔断器 FU4 及电磁吸盘电路熔断器 FU5 的熔丝有否熔断;再检查接插器 X2 的接触器是否正常。若都未发现故障,则可检查电磁吸盘 YH 线圈的两个出线头,由于电磁吸盘 YH 密封不好,受冷却液的侵蚀而使绝缘损坏,造成两个出线头间短路或出线头本身断路。当线头间形成短路时,若不及时检修,就有可能烧毁整流器 VC 和整流变压器 TC,这一点在日常维护时应特别注意。

2. 电磁盘吸力不足

原因之一是电源电压低,导致整流后的直流电压相应降低,造成吸盘的吸力不足。检查时可用万用表的直流电压挡测量整流器输出端电压值,应不低于110V(空载时直流输出电压为130V~140V)。此外,接触器KM5的两副主触点和接插器X2的接触不良也会造成吸力不足。

吸力不足的原因之二是整流电路的故障。电路中整流器VC是由四个桥臂组成,若某一桥臂的整流二极管断开,则桥式整流变成了半波整流,直流输出电压将下降一半左右,吸力当然会减少。检修时,可测量直流输出电压有否下降一半的现象,据此做出判断。随后更换已损坏的管子。

若有一臂被击而形成短路,此时与它相邻的另一桥臂的整流管会因过电流而损坏,整个变压器的次级造成短路。此时变压器温升极快,若不及时切断电源,将导致变压器烧毁。

电磁吸盘的线圈重绕过程中,在拆线时应记住每个线圈的圈数、绕向、放置方式,并用相同型号的导线绕。修理完后,进行吸力测试,用电工纯铁或10号钢做成试块,跨放在两极之间,用弹簧秤在垂直方向拉试,拉力应达58.8N。剩磁吸力应小于充磁吸力的10%,线圈与盘体间的绝缘电阻应大于5MΩ。

思考与练习九

9.1 分析主轴启动工作过程,写出工作回路?

9.2 分析快速进给工作过程,写出工作回路?

9.3 分析冷却泵工作过程,写出工作回路?

9.4 车床主要由哪几部分组成?

9.5 车床主要有哪些运动形式?

9.6 CA6140车床主轴与冷却泵之间有什么控制关系?

9.7 机床电器维护与保养主要有哪些内容?

9.8 机床排故包含哪些过程?

9.9 电阻测量法排故有什么优缺点?

9.10 电阻测量法有哪些注意事项?

项目十　T68 镗床电气控制电路的分析与故障排除

知识目标：
① 能简述 T68 镗床的主要作用和主要的机械运动控制方法。
② 能叙述 T68 镗床的电气控制电路工作过程。

能力目标：
① 会操作 T68 镗床。
② 会观察故障现象，会分析故障范围。
③ 会用电压法维修 T68 镗床。

任务一　识读 T68 镗床电气控制电路

本任务主要介绍 T68 镗床的主要机械结构、T68 镗床的功能、机械动作过程、电气工作原理。

一、相关知识

镗床是一种精密加工机床，主要用于加工精确的孔和孔间距离要求较为精确的零件。镗床在加工时，一般是将工件固定在工作台上，由镗杆或平旋盘（花盘）上固定的刀具进行加工。T68 镗床实物图如图 10-1 所示。

图 10-1　T68 镗床实物图

（一）T68 镗床的基本知识

1. T68 镗床机械结构及运动

（1）主要结构

T68 镗床结构如图 10-2 所示，主要由以下几个部分构成：
① 前立柱：固定安装在床身的右端，在它的垂直导轨上装有可上下移动的主轴箱。
② 主轴箱：其中装有主轴部件、主运动和进给运动变速传动机构以及操纵机构。

③ 后立柱：可沿着床身导轨横向移动，调整位置，它上面的镗杆支架可与主轴箱同步垂直移动。如有需要，可将其从床身上卸下。

④ 工作台：由下溜板、上溜板和回转工作台三个部分组成。下溜板可沿床身顶面上的水平导轨作纵向移动，上溜板可沿下溜板顶部的导轨作横向移动，回转工作台可在上溜板的环形导轨上绕垂直轴线转位，能使工件在水平面内调整至一定角度位置，以便在一次安装中对互相平行或成一角度的孔与平面进行加工。

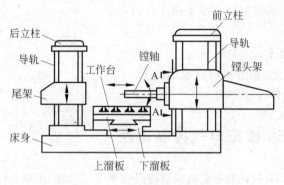

图 10-2　T68 镗床结构图

（2）运动形式

卧式镗床加工时运动有以下几种。

① 主运动：主轴的旋转与平旋盘的旋转运动。

② 进给运动：主轴在主轴箱中的轴向进给；平旋盘上刀具的径向进给；主轴箱的升降，即垂直进给；工作台的横向和纵向进给。这些进给运动都可以进行手动或机动。

③ 辅助运动：回转工作台的转动；主轴箱、工作台等的进给运动上的快速调位移动；后立柱的纵向调位移动；尾座的垂直调位移动。

2. 电气控制特点及控制要求

镗床的工艺范围广，因而它的调速范围大、运动形式多，其电气控制特点如下：

① 为适应各种工件加工工艺的要求，主轴应在大范围内调速。由于镗床主轴要求恒功率拖动，所以采用"△-YY"双速电动机。

② 为防止顶齿现象，要求主轴系统变速时作低速断续冲动。

③ 为适应加工过程中调整的需要，要求主轴可以正、反点动调整，这是通过主轴电动机低速点动来实现的。同时还要求主轴可以正、反向旋转，这是通过主轴电动机的正、反转来实现的。

④ 主轴电动机低速时可以直接启动，在高速时控制电路要保证先接通低速经延时再接通高速以减小启动电流。

⑤ 主轴要求快速而准确地制动，所以必须采用效果好的停车制动。卧式镗床常用反接制动(也有的采用电磁铁制动)。

⑥ 由于进给部件多，快速进给用另一台电动机拖动。

（二）T68 镗床电气控制电路分析

1. T68 镗床电气控制电路

如图 10-3 所示是 T68 镗床电气控制电路图。T68 卧式镗床电气元件功能表见表 10-1。

项目十 T68镗床电气控制电路的分析与故障排除

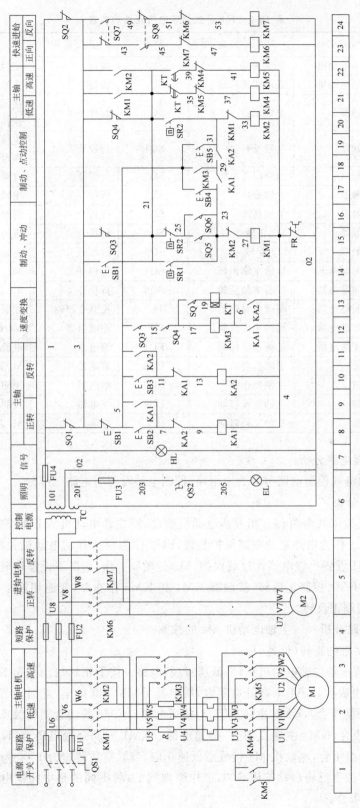

图 10-3 T68镗床电气控制电路图

表 10-1 T68 卧式镗床电气元件功能表

符号	元件名称	用途	符号	元件名称	用途
M1	主轴电动机	驱动主轴	SB4	按钮	主轴正转点动
M2	进给电动机	驱动快速移动	SB5	按钮	主轴反转点动
KM1	接触器	主轴正转	SQ	行程开关	接通主电动机高速挡
KM2	接触器	主轴反转	SQ1	行程开关	主轴自动进刀与工作台
KM3	接触器	短路限流电阻	SQ2	行程开关	自动进给间的互锁
KM4	接触器	主轴低速	SQ3	行程开关	主轴变速
KM5	接触器	主轴高速	SQ4	行程开关	进给变速
KM6	接触器	M2 正转	SQ5	行程开关	进给变速冲动
KM7	接触器	M2 反转	SQ6	行程开关	主轴变速冲动
KA1	中间继电器	接通主轴正转	SQ7	行程开关	M2 反转限位
KA2	中间继电器	接通主轴反转	SQ8	行程开关	M2 正转限位
KT	时间继电器	高速延时启动	TC	控制变压器	控制照明电源
SR1	速度继电器	反向速度控制	FR	热继电器	M1 过载保护
SR2	速度继电器	正转速度控制	FU1	熔电器	电源总保险
QS1	开关	电源总启动	FU2	熔电器	M2 保险
SB1	按钮	主轴停止	FU3	熔电器	照明保险
SB2	按钮	主轴正转启动	FU4	熔电器	控制电路保险
SB3	按钮	主轴反转启动	R	电阻	M1 反转制动

2. 电气控制电路分析

T68 镗床的电气控制电路可分为主电路、控制电路及照明电路三部分。

（1）主电路分析

T68 型卧式镗床共由两台三相异步电动机驱动，即主轴电动机 M1 和快速移动电动机 M2。熔断器 FU1 作为电路总的短路保护装置，FU2 作为快速移动电动机和控制电路的短路保护装置。M1 设置热继电器作过载保护，M2 是短期工作，所以不设置热继电器。M1 用接触器 KM1 和 KM2 控制正反转，接触器 KM4 和 KM5 作△-YY变速切换。M2 用接触器 KM6 和 KM7 控制正反转。

（2）控制电路分析——主轴电动机 M1 的控制

① 主轴电动机的正转（低速）控制。

如图 10-4 所示是主轴电动机正转（低速）控制电路。按下正转启动按钮 SB2，中间继电器 KA1 线圈得电吸合，KA1 动合触点闭合，接触器 KM3 线圈得电（此时位置开关 SQ3 和 SQ4 已被操纵手柄压合），KM3 主触点闭合，接通电源。KM3 的动合辅助触点闭合，接触器 KM1 线圈得电吸合，KM1 主触点闭合，接通电源。KM1 的动合触点闭合，KM4 线圈得电吸合，KM4 主触点闭合，电动机 M1 接成△低速正向启动，空载转速为 1500r/min。

反转时只需按下反转启动按钮 SB3，工作原理同上，所不同的是中间继电器 KA2 和接触器 KM2 得电吸合。

项目十 T68镗床电气控制电路的分析与故障排除

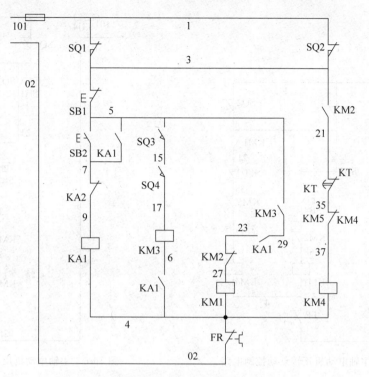

图10-4 主轴电动机正转(低速)控制电路

② 主轴电动机 M1 的点动控制。

如图 10-5 所示是主轴电动机正转点动控制电路。按下正向点动按钮 SB4,接触器 KM1 线圈得电吸合,KM1 动合触点闭合,接触器 KM4 线圈得电吸合。这样,KM1 和 KM4 的主触点闭合,电动机 M1 接成△并串联电阻 R 点动。

同理,按下反向点动按钮 SB5,接触器 KM2 和 KM4 线圈得电吸合,M1 反向点动。

③ 主轴电动机 M1 的停车制动。

如图 10-6 所示是主轴电动机反接制动电路。假设电动机 M1 正转,当速度达到 120r/min 以上时,速度继电器 SR2 动合触点闭合,为停车制动作好准备。若要 M1 停车,就按 SB1,断开 3-5 号线,则中间继电器 KA1 和接触器 KM3 断电释放,KM3 动合触点断开,KM1 线圈断电释放,KM4 线圈也断电释放,由于 KM1 和 KM4 主触点断开,电动机 M1 断电作惯性运转。紧接着由于 SB1 动合同时闭合接通 3-21 号线,接触器 KM2 和 KM4 线圈得电吸合,KM2 和 KM4 主触点闭合,电动机 M1 串电阻 R 反接制动。当转速降至 120r/min 以下时,速度继电器 SR2 动合触点断开,接触器 KM2 和 KM4 断电释放,停车反接制动结束。

如果电动机 M1 反转,当速度达到 120r/min 以上时,速度继电器 SR1 动合触点闭合,为停车制动作好准备。以后的动作过程与正转制动时相似,读者可自行分析。

④ 主轴电动机 M1 的高、低速控制。

若选择电动机 M1 在低速(△接法)状态运行,可通过变速手柄使变速行程开关 SQ 处于断开位置,相应的时间继电器 KT 线圈断电,接触器 KM5 线圈也断电,电动机 M1 只能由接触器 KM4 接成△连接。如图 10-7 所示是主轴电动机高速控制电路。如果需要电动机在

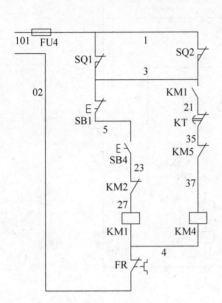

图 10-5 主轴电动机正转点动控制电路

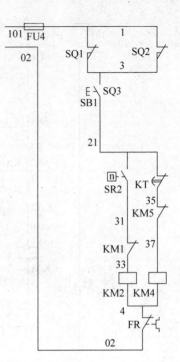

图 10-6 主轴电动机反接制动电路

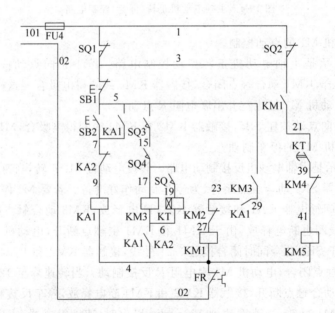

图 10-7 主轴电动机高速控制电路

高速运行,应首先通过变速手柄使限位开关 SQ 压合,然后按正转启动按钮 SB2(或反转启动按钮 SB3),KA1 线圈(反转时应为 KA2 线圈)得电吸合,时间继电器 KT 和接触器 KM3 线圈同时得电吸合。由于 KT 两副触点延时动作,故 KM4 线圈先得电吸合,电动机 M1 接成△低速启动,以后 KT 的动断触点延时断开,KM4 线圈断电释放,KT 的动合触点延时闭合,KM5 线圈得电吸合,电动机 M1 成YY连接,以高速(空载时 3000r/min)状态运行。

⑤ 主轴变速及进给变速控制。

本机床主轴的各种速度是通过变速操纵盘以改变传动链的传动比来实现的。当主轴在工作过程中,如要变速,可不必按停止按钮,而直接进行变速。如图 10-8 所示是主轴变速及进给变速控制电路。设 M1 原来运行在正转状态,速度继电器 SR2 早已闭合。将主轴变速操纵盘的操作手柄拉出,与变速手柄有机械联系的行程开关 SQ3 不再受压而断开,KM3 和 KM1 线圈先后断电释放,电动机 M1 断电,由于行程开关 SQ3 动断触点闭合,KM2 和 KM4 线圈得电吸合,电动机 M1 串接电阻 R 反接制动。等速度继电器 SR2 动合触点断开,M1 停车,便可转动变速操纵盘进行变速。变速后,将变速手柄推回原位,SQ3 重新压合,接触器 KM3、KM1 和 KM4 线圈得电吸合,电动机 M1 启动,主轴以新选定的速度运转。

变速时,若因齿轮卡住手柄推不上时,此时变速冲动行程开关 SQ6 被压合,速度继电器的动断触点 SQ2 已恢复闭合,接触器 KM1 线圈得电吸合,电动机 M1 串电阻启动。当速度高于 120r/min 时,SR2 动断触点又断开,KM1 线圈断电释放,电动机 M1 又断电;当速度降到 120r/min 时,SR2 动断触点又闭合了,从而又接通低速旋转电路而重复上述过程。这样,主轴电动机就被间歇地启动和制动而低速旋转,以便齿轮顺利啮合。直到齿轮啮合好,手柄推上后,压下行程开关 SQ3,松开 SQ6,将冲动电路切断。同时,由于 SQ3 的动合触点闭合,主轴电动机启动旋转,从而主轴获得所选定的转速。

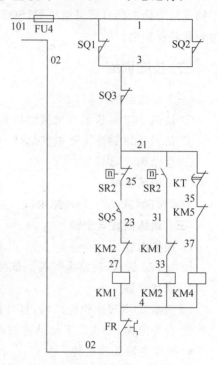

图 10-8 主轴变速及进给变速控制电路

进给变速的操作和控制与主轴变速的操作和控制相同。只是在进给变速时,拉出的操作手柄是进给变速操纵盘的手柄,与该手柄有机械联系的是行程开关 SQ4,进给变速冲动的行程开关是 SQ5。

快速移动电动机 M2 的控制:主轴的轴向进给、主轴箱(包括尾架)的垂直进给、工作台的纵向和横向进给等的快速移动,是由电动机 M2 通过齿轮、齿条等来完成的。快速手柄扳到正向快速位置时,压合行程开关 SQ8,接触器 KM6 线圈得电吸合,电动机 M2 正转启动,实现快速正向移动。将快速手柄扳到反向快速位置,行程开关 SQ7 被压合,KM7 线圈得电吸合,电动机 M2 反向快速移动。

联锁保护装置:为了防止在工作台或主轴箱自动快速进给时又将主轴进给手柄扳到自动快速进给的误操作,就采用了与工作台和主轴箱进给手柄有机械连接的行程开关 SQ1(在工作台后面)。当上述手柄扳在工作台(或主轴箱)自动快速进给的位置时,SQ1 被压断开。同样,在主轴箱上还装有另一个行程开关 SQ2,它与主轴进给手柄有机械连接,当这个手柄动作时,SQ2 也受压分断。电动机 M1 和 M2 必须在行程开关 SQ1 和 SQ2 中有一个处于闭合状态时,才可以启动。如果工作台(或主轴箱)在自动进给(此时 SQ1 断开)时,再将主轴进给手柄扳到自动进给位置(SQ2 也断开),那么电动机 M1 和 M2 便都自动停车,从而达到联锁保护之目的。

二、技能训练

(一)训练目的
① 认识 T68 镗床主要机械结构和电气驱动的运动部件。
② 认识 T68 镗床主要电气部件,知道电气部件作用。
③ 会操作 T68 镗床。

(二)训练器材
T68 镗床(或模拟 T68 镗床)。

(三)训练内容与步骤

1. 训练内容
操作 T68 镗床,观察电气控制部件的动作情况。

2. 训练步骤
① 观察 T68 镗床机械结构,打开控制柜,观察电气控制部件。
② 合上电源,完成以下运动控制操作。
- 操作主轴低速正转。
- 操作主轴制动。
- 操作主轴高速正转。
- 操作主轴正转点动。
- 操作主轴低速反转。
- 操作主轴高速反转。
- 操作主轴反转点动。
- 操作主轴冲动。
- 操作进给冲动。

任务二 电压法排除镗床电气故障

本任务主要介绍 T68 镗床常见电气故障及故障现象,判别 T68 镗床故障范围的方法,电压法排除故障的原理及操作。

一、相关知识

(一)常见电气故障的分析及检查

① T68 镗床常见故障的判断和处理方法和车床、铣床、磨床大致相同。但由于镗床的机械-电气联锁较多,又采用了双速电动机,在运行中会出现一些特有的故障。

② 主轴实际转速比标牌示数转速大一倍或是标牌示数转速的一半。T68 镗床主轴有 18 种转速,是采用双速电动机和机械滑移齿轮来实现变速的。主轴电动机的高低速的转换

靠行程开关 SQ 的通断来实现。行程开关 SQ 安装在主轴调速手柄的旁边,主轴调速机构转动时推动一个撞钉,撞钉推动簧片使 SQ 通或断。如果安装调整不当,使 SQ 动作恰恰相反,则会发生主轴转速比标牌示数大一倍或是其一半的情况。

③ 主轴电动机只有高速挡,没有低速挡;或只有低速挡,没有高速挡。这类故障原因较多,常见的有时间继电器 KT 不动作,或行程开关 SQ 安装的位置移动,造成 SQ 总是处于通或断状态。如果 SQ 总处于通的状态,则主轴电动机只有高速;如果 SQ 总处于断开状态,则主轴电动机只有低速。此外如时间继电器 KT 的触点(23 区)损坏,接触器 KM5 的主触点不会通,则主轴电动机 M1 便不能转换到高速挡运转,只能停留在低速挡运转。

④ 主轴变速手柄拉出后,主轴电动机不能冲动;或者变速完毕,合上手柄后,主轴电动机不能自动开车。当主轴变速手柄拉出后,通过变速机构的杠杆、压板使行程开关 SQ3 动作,主轴电动机断电而制动停车。速度选好后推上手柄,行程开关动作,使主轴电动机低速冲动。行程开关 SQ3 和 SQ6 装在主轴箱下部,由于位置偏移、触点接触不良等原因而完不成上述动作。又因 SQ3、SQ6 是由胶木塑压成型的,由于质量等原因,有时绝缘击穿,造成手柄拉出后,SQ3 尽管已动作,但由于短路接通,使主轴仍以原来转速旋转,此时变速将无法进行。

(二) T68 镗床故障现象分析

如图 10-9 所示是 T68 镗床部分控制电路,依据该电路分析下列故障现象。

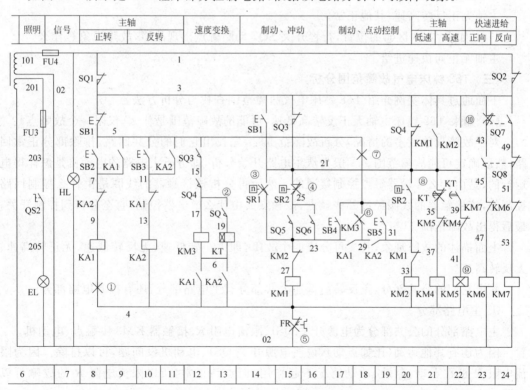

图 10-9 T68 镗床部分控制电路图

(1) 如果在 8 区①的位置，4 号线出现故障，故障现象是什么？
主轴无高低速正转，其他正常。
(2) 如果在 13 区②的位置，行程开关 SQ 动合触点出现故障，故障现象是什么？
主轴无高速正反转，其他正常。
(3) 如果在 14 区③的位置，速度继电器 SR1 动合触点出现故障，故障现象是什么？
主轴无反转的反接制动，其他正常。
(4) 如果在 15 区④的位置，速度继电器 SR2 动断触点出现故障，故障现象是什么？
主轴无冲动，进给无冲动，其他正常。
(5) 如果在 15 区⑤的位置，热继电器 FR 动断触点出现故障，故障现象是什么？
所有主轴运动全无。
(6) 如果在 18 区⑥的位置，接触器 KM3 动合触点接触不良，故障现象是什么？
主轴无高、低速正反转长动，其他正常。
(7) 如果在 18 区⑦的位置，21 号线在出现故障，故障现象是什么？
主轴无正反转长动、点动，其他正常。
(8) 如果在 21 区⑧的位置，时间继电器 KT 动断触点出现故障，故障现象是什么？
主轴无正反转高速、无制动、无冲动，其他正常。
(9) 如果在 22 区⑨的位置，接触器 KM5 线圈出现故障，故障现象是什么？
主轴无正反转高速，其他正常。
(10) 如果在 23 区⑩的位置，行程开关 SQ7 动断触点出现故障，故障现象是什么？
主轴无正向快速进给。

(三) T68 镗床电气故障范围分析

下面通过具体实例介绍 T68 镗床电气故障范围查找与分析方法。

(1) 如果 T68 镗床主轴无正反转高低速，可能的故障范围是什么(仅限一个故障点)？

对于故障现象较多的情况，分析故障范围时，先找出它们的公共回路，排除部分正常回路，然后确定可能故障范围。一般先从主电路开始分析，即分析主电路的电动机是怎样得电运行的，是由什么接触器触点控制接通的。然后再分析该接触器的线圈是由什么控制回路控制的，该接触器的线圈经过哪些触点，该触点又由什么继电器控制，直至分析到控制开关，最后得出故障范围。

上面描述的故障现象，其实可分成四个故障，即无正转低速、无反转低速、无正转高速、无反转高速。

找出它们的公共部分，正反转高低速公共部分有主电路部分，还有控制电路部分。

① 主电路部分。

主电路部分的公共部分为电源开关 QS1、限流电阻 R、接触器 KM3 主触点、电动机。

因为还有其他运动(比如点动)，说明电源开关 QS1、电动机没问题，可以排除。因为限流电阻 R 是在点动、制动、冲动情况下起作用，而点动正常，所以限流电阻 R 的故障可以排除。

所以，主电路可能的故障范围为：KM3 接触器主触点故障，或者 KM3 线圈回路故障得电引起 KM3 接触器主触点不能闭合。

项目十 T68镗床电气控制电路的分析与故障排除

② 控制电路部分。

● 控制电路 KM3 线圈的回路是：

101→FU4→1→SQ1(或 SQ2)→3→SB1→5→SQ3→15→SQ4→17→KM3 线圈→6→KA1(KA2)→4→FR→02。

由于点动正常，可以排除 101、FU4、1、SQ1、3、SB1，以及 FR、02。

所以可能的故障范围为：5、SQ3、15、SQ4、17、KM3 线圈、6、KA1(或 KA2)、4。

● 控制电路：KA1(或 KA2)的动合触点由 KA1(或 KA2)的线圈得电控制。

KA1 线圈的控制回路是：

101→FU4→1→SQ1(SQ2)→3→SB1→5→SB2→7→KA2→9→KA1 线圈→4→FR→02。

KA2 线圈的控制回路是：

101→FU4→1→SQ1(SQ2)→3→SB1→5→SB3→11→KA1→13→KA2 线圈→4→FR→02。

通过以上分析可以排除 101、FU4、1、SQ1、3、SB1，以及 FR、02 故障的可能性。

KA1 动合触点不能闭合的故障范围：5→SB2→7→KA2→9→KA1 线圈→4。

KA2 动合触点不能闭合的故障范围：5→SB3→11→KA1→13→KA2 线圈→4。

KA1 与 KA2 动合触点不能闭合的公共部分为：5、4 号线。

所以，可能的故障范围是 5、4 号线故障引起 KA1、KA2 线圈不能得电，使 KA1 与 KA2 动合触点不能闭合。

● 另外，正反转高低速还通过 18 区的 KM3 的动合触点控制，由 KM3 动合控制接触器 KM1、KM2 线圈得失电。

所以主轴无正反转高低速，还有可能的故障范围为 18 区的 21、KM3、29。

综上所述，主轴无正反转高低速可能的故障范围是：

主电路　3 区的 KM3 接触器主触点故障。

控制电路　5、SQ3、15、SQ4、17、KM3 线圈、6、KA1(或 KA2)、4。

控制电路　18 区的 21、KM3、29。

在实践排故时，可能的故障范围还可以进一步缩小，因为通过实际操作，听(或观察)接触器的吸合情况可以判断是主电路故障还是控制电路故障。

在操作主轴正反转高低速时，如果 KA1、KA2 中间继电器不能吸合，则故障范围确定为 4、5 号线；如果 KA1、KA2 中间继电器能吸合，KM3 接触器不能吸合，则说明故障范围为 5、SQ3、15、SQ4、17、KM3 线圈、6、4；如果 KM3 能够吸合，主轴还无正反转高低速时，则说明故障范围在主电路 3 区的 KM3 接触器主触点故障。

(2) 某单位电工给 T68 镗床更新电源控制柜后，在进行开机调试时，出现以下不正常现象，分析是什么原因？

① 主轴与进给的正转变反转，反转变正转，快速进给的正转变反转，反转变正转，同样按下停止按钮 SB1，主轴不能停止。

② 正反转点动极短时间正常点动，但是点动时间稍长就会变成长动，而且按下停止按钮 SB1，主轴不能停止。

③ 主轴与进给冲动变成长动，而且按下停止按钮 SB1，主轴不能停止。

分析故障原因：

由于主轴正转变成反转,说明电动机的三相电源相序改变了,由此判断可能在更新电源控制柜时,把三相电源相序调换了。但是为什么启动以后按下停止按钮 SB1 不能停止呢?点动、冲动又会变成长动呢?这是因为镗床的速度继电器不仅控制制动的转速,而且它触点的动作受到电动机转向的控制。当操作镗床主轴正转时,原正常工作控制回路如图 10-10 中粗线条部分所示。其中,速度继电器 20 区的 SR2 动作闭合,为反接制动作准备。当电源相序改变以后,电动机的转向改变了,速度继电器 SR2 不动作,变成 SR1 动作闭合。控制回路变成如图 10-11 中粗线条部分所示。由图 10-11 所示电路可以看出,由于 SR1 动作闭合,增加了 KM1、KM3、KA1 线圈的得电路径。

KM1 线圈增加的路径是:1→SQ1(SQ2)→3→KM1→21→SR1→23→KM2→27→KM1 线圈→4→FR→02。

KM3 线圈增加的路径是:1→SQ1(SQ2)→3→KM1→21→SR1→23→KA1→29→KM3→5→SQ3→15→SQ4→17→KM3 线圈→19→KA1→4→FR→02。

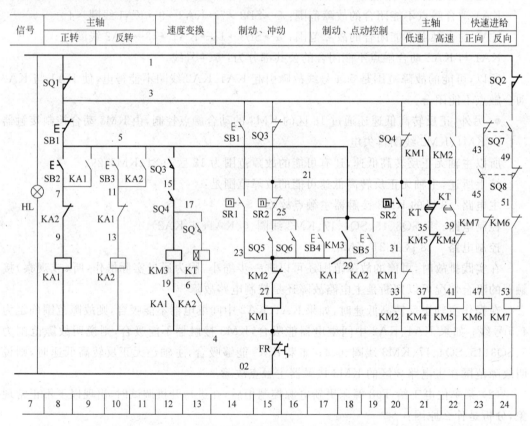

图 10-10 正常主轴低速工作控制回路

KA1 线圈增加的路径是:1→SQ1(SQ2)→3→KM1→21→SR1→23→KA1→29→KM3→5→KA1→7→KA2→9→KA1 线圈→4→FR→02。

由于这些路径都不经过停止按钮 SB1,所以停止按钮 SB1 不起作用。

那么为什么点动会变成长动呢?这是因为,上面增加的得电路径,相当给 KM1、KM3、

项目十 T68镗床电气控制电路的分析与故障排除

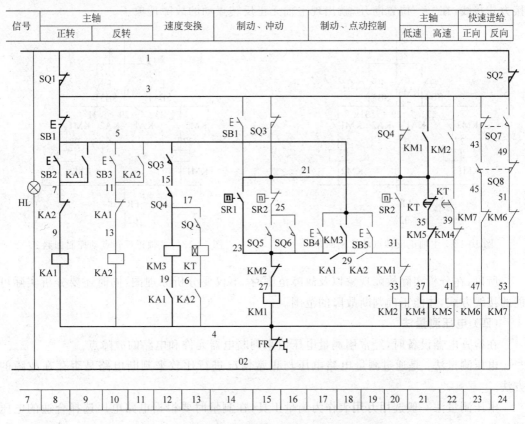

图10-11 电源相序改变后主轴低速工作控制回路

KA1增加了自锁回路,可以保持KM1、KM3、KA1线圈得电,当点动时间极短时,电动机的转速还没有达到速度继电器SR1的动作速度,SR1动合触点不能闭合,也就不能为KM1、KM3、KA1线圈提供自锁。如果点动时间稍长,电动机的转速达到速度继电器SR1的动作速度,SR1动合触点闭合,也就为KM1、KM3、KA1线圈提供自锁,所以点动变成长动。冲动变长动情况类似点动变长动情况。

对于以上出现的不正常情况,只要把电源相序重新调换一下,问题就可以解决了。

(3) 如果T68镗床主轴无正反转点动,请分析故障范围(仅限一个故障点)?

由于仅仅是主轴无正反转点动,说明主电路正常,KM4线圈回路也正常,而点动与其他工作回路的区别主要在17区、19区的SB4与SB5部分电路。从原理图分析来看,正转点动经过的控制回路是:1→SQ1(SQ2)→3→SB1→5→SB4→23→KM2→27→KM1线圈→4→FR→02;反转点动经过的控制回路是:1→SQ1(SQ2)→3→SB1→5→SB5→31→KM1→33→KM2线圈→4→FR→02。由于仅有一个故障点,所以故障肯定在它们的公共回路上,所以故障范围可能是:1→SQ1(SQ2)→3→SB1→5。但是其他工作状态正常,说明从1→SQ1(SQ2)→3→SB1是肯定没有问题,那么故障就在5号线上。

不管在5号线的何处断开,也不会出现仅主轴无正反转点动的故障现象。但是在实际安装镗床时,安装的接线并不是按照图10-12所示连接方式接线,如果按照图10-13所示连接方式接线,在"×"位置断开,就出现主轴无正反转点动的故障现象了。

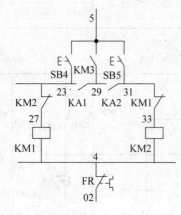
图 10-12 主轴正反转点动控制回路一

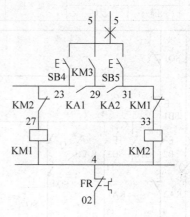
图 10-13 主轴正反转点动控制回路二

所以,在分析实际故障现象以及故障范围时,不仅要分析原理图,同时还要分析实际可能的接线方式,才能正确判断故障的范围。

(四) 电压测量法

在检查电器设备时,经常用测量电压值来判断电器元件和电路的故障点。

电压测量法:是通过测量电路电压与正常情况进行比较来判断电路是否存在故障的方法。

电压测量法一般选用万用表作为测量工具,在测量时要根据电路电压选择合适的电压挡量程。

1. 分阶测量法

电压的分阶测量法如图 10-14 所示。

若按下启动按钮 SB2,接触器 KM1 不吸合,说明电路有故障。假设控制电源电压为 110V,检修时,首先用万用表测量 1 与 0 两点电压,若电路正常,应为 110V。然后按下启动按钮 SB2 不放,同时将黑色表棒接到 0 点上,红色表棒接 1、2、3、4、5 标号依次向后移动,分别测量 0-1、0-2、0-3、0-4、0-5 各阶之间的电压。电路正常情况下,各阶电压均为 110V。如测到 0-5 之间无电压,说明是断路故障,可将红色表棒前移。当移至某点(如 4 点)时电压正常,说明该点(4 点)以前触点或接线是完好的,此点(如 4 点)以后的触点或接线断路,一般是此点后第一个触点(刚跨过的停止按钮 SB1 的触点)或连线断路。

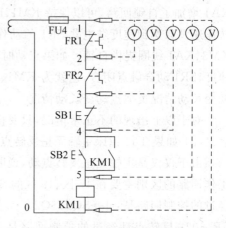
图 10-14 电压的分阶测量法

这种测量方法像上台阶一样,所以叫分阶测量法。

2. 对地测量法

机床电气控制电路接零线直接接在机床床身,可采用对地测量法来检查电路的故障。

电压的对地测量法如图 10-15 所示。

测量时,把万用表黑色测试棒接地,红色测试棒逐点测 1、2、3、4、5 等各点,根据各点对地的测试电压来检查电路的电气故障。

对地测量法由于一个表棒接地,接地测量点方便寻找,所以可以提高排故速度。但是如果接地线本身有故障,就不可采用对地测量法,可以采用其他测量方法。

3. 分段测量法

电压的分段测量法如图 10-16 所示。

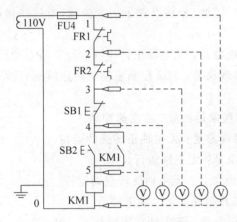

图 10-15　电压的对地测量法

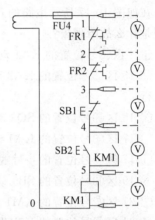

图 10-16　电压的分段测量法

如按下启动按钮 SB2,接触器 KM1 不吸合,说明电路断路。检修时,先用万用表测试 1-0 两点,电压为 110V,说明电源电压正常。然后按下启动按钮 SB2 不放,电压的分段测试法是用红、黑两根表棒逐段测量相邻两标号点 1-2、2-3、3-4、4-5、5-0 的电压。如电路正常,除 0-5 两点间的电压等于 110V 外,其他任意相邻两点间的电压都应为零。例如标号 2-3 两点间电压为 110V,说明热继电器 FR2 的动断触点接触不良。

4. 应用电压测量法的注意事项

用电压测量法检查电路电气故障时,应注意下列事项:

① 用分阶测量法来检查电路电气故障时,标号 5 以前各点对 0 点的电压都应为 110V,如低于额定电压的 20% 以上,可视为有故障。

② 用分段或分阶测量法测量到接触器 KM1 线圈两端点 5 与 0 时,若测量的电压等于电源电压,可判断为电路正常,若接触器不吸合,可视为接触器本身有故障。

③ 分阶和分段测量法可通用,即在检查一条电路时可同时用两种方法。

二、技能训练

(一)训练目的

① 认识 T68 镗床故障现象。
② 会根据故障现象判断故障范围。
③ 会用电压测量法检查故障点。
④ 能够正确排除简单的故障。

(二) 训练器材

T68 镗床(或模拟 T68 镗床)。

(三) 训练内容与步骤

1. 训练内容

T68 镗床电气故障判断与维修。

2. 训练步骤

(1) 观察镗床电气部分故障现象

在如图 10-17 所示电路的几个位置(标示"×"处)分别设置了一个故障,通过操作说出分别是什么故障现象?

① 9 区①号位置的 KA1 动合故障的故障现象是:无主轴正转连续运行变成点动运行。

② 13 区②号位置的 KA2 动合故障的故障现象是:SB2 控制主轴正转连续运行变成点动运行。

③ 15 区③号位置的 SQ3 动断故障的故障现象是:无主轴变速冲动。

④ 17 区④号位置的 KA1 动合故障的故障现象是:无主轴正转连续运行。

⑤ 17 区⑤号位置的 4 号线故障的故障现象是:无主轴运行。

⑥ 19 区⑥号位置的 SB5 动合故障的故障现象是:无主轴反转点动运行。

⑦ 21 区⑦号位置的 KM1 动合故障的故障现象是:无主轴正转运行。

⑧ 21 区⑧号位置的 KT 动合故障的故障现象是:无主轴高速运行。

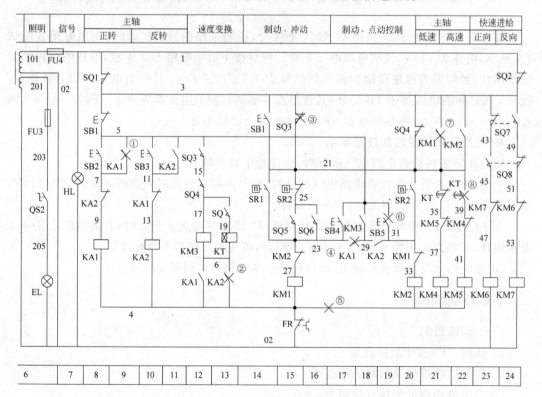

图 10-17　T68 镗床部分控制电路图

(2) 根据以下故障现象分析故障范围(仅限一个故障点)

① SB2 控制主轴正转连续运行变成点动运行。

故障范围是：9 区 5、KA1、7。

② 无主轴反转连续运行。

故障范围是：4 区 5、SB3、11、KA1、13、KA2 线圈、4；13 区 6、KA2、4；18 和 19 区 29、KA2、31。

③ 无主轴变速冲动。

故障范围是：15 区 3、SQ3、21。

(3) 用电压法排除故障

例如：SB2 控制主轴正转连续运行变成点动运行(仅一个故障点)。

故障范围是：5、KA1、7。

采用电压法排故时，需要接通电源，把测量值与正常值进行比较，如果与正常值一致说明测量点正常，如果不一致说明有故障。

在不按下按钮 SB2 时，5 号线对 02 号线电压应该为 110V，如果测量 KA1 动合触点上的 5 号线电压值为 0，说明 5 号线有故障，KA1、7 就没有故障，不需要测量。但是并不是所有 5 号线都有故障，在此时最好根据安装连接图纸，找到该故障点 5 号线的来龙去脉，直到发现故障点动，排除故障。

如果测量后判断 5 号线正常，在 SB2 断开的情况下如何测量 7 号线呢？就不能用 02 号线对 7 号线来测量，因为故障时与正常时电压都是 0，测量结果不能说明问题。此时可以用 1 号对 7 号来测量，正常则 1 号对 7 号的电压为 110V，如果测量结果是电压为 0，说明故障就在 7 号线上。

如果 5、7 号线都正常，可以断电用电阻法测量 KA1 动合触点的好坏。

在采用电压法测量时，如果电路中存在正常自然断点，如图 10-18 所示电路中 SB2、KM1 是自然断点。测量断点以上点(如 1、3、5、7 号线)，可以在断点以下找一个正常点作为基准点(如果 9、11、13、0 正常无故障，都可以作为基准点)，分别对断点以上各点进行测量，正常值都应该为 110V，如果不是则说明有故障。例如，测得 0 号和 1 号线之间的电压为 110V，说明正常，测得 0 号和 3 号线之间的电压为 0V，不正常，说明 1 号到 3 号之间有故障。同样在测量断点以下时，可以在断点以上找一个正常点作为基准点，分别对断点以下各点进行测量，正常值都应该为 110V，如果不是说明有故障。必须强调，基准点应该是正常无故障点。

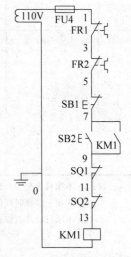

图 10-18 某部分控制电路

项目评价

完成任务一、任务二的学习与技能训练后，填写表 10-2 所列项目评分表。

表 10-2　T68 镗床电气排故评分表

项目名称			姓名	总分	
序号	项目	考核要求	评分标准	配分	扣分
1	熟悉 T68 镗床	能正确指认机械和电器部件,会简单操作 T68 镗床	指认不正确或是操作不熟练,一次扣 2 分	10	
2	调查故障	1. 对故障进行调查,弄清出现故障时的现象 2. 查阅有关记录	排除故障前不进行调查研究,扣 10 分。调试不熟练、故障现象分析不全面,酌情扣 5～10 分	10	
3	故障分析	1. 根据故障现象,分析故障原因,思路正确 2. 判明故障部位	1. 故障分析思路不够清晰,扣 20 分 2. 不能确定最小故障范围,扣 20 分	30	
4	故障排除	1. 正确使用工具和仪表 2. 找出故障点并排除故障 3. 排除故障时要遵守电缆检修的有关工艺要求 4. 根据情况进行电气试验	1. 不能找出故障点,扣 15 分 2. 不能排除故障,扣 15 分 3. 排除故障方法不正确,扣 10 分 4. 根据故障情况不会进行电气试验,扣 10 分	50	
5	安全文明	操作如有失误,要从此项总分中扣分	1. 排除故障时,产生新的故障后不能自行修复,每个故障从本项总分中扣 30 分;已经修复,每个故障从本项总分中扣 5 分 2. 损坏电缆,从本项总分中扣 10～40 分		

注：① 本项目满分 100 分。
　　② 本项目训练时间限定在 30min。
　　③ 本项目故障点仅设置 1 个。

知识拓展　认识 Z3040B 摇臂钻床

钻床是一种用途广泛的孔加工机床。它主要用钻头钻削精度要求不太高的孔,另外还可以用来扩孔、铰孔、镗孔,以及刮平面、攻螺纹等。

钻床的结构形式很多,有立式钻床、卧式钻床、深孔钻床等。摇臂钻床是一种立式钻床,它适用于单件或批量生产中带有多孔的大型零件的孔加工。

一、Z3040B 摇臂钻床主要结构及运动形式

1. Z3040B 摇臂钻床主要结构

如图 10-19 所示是 Z3040B 摇臂钻床的外形图。它主要由底座、内立柱、外立柱、摇臂、主轴箱、工作台等组成。内立柱固定在底座上,在它外面套着空心的外立柱,外立柱可绕着内立柱回转一周,摇臂一端的套筒部分与外立柱滑动配合,借助于丝杠,摇臂可沿着外立柱上下移动,但两者不能作相对移动,所以摇臂将与外立柱一起相对内立柱回转。主轴箱是一个复合的部件,它具有主轴及主轴旋转部件和主轴进给的全部变速机构和操纵机构。主轴箱可沿着摇臂上的水平导轨作径向移动。当进行加工时,可利用特殊的夹紧机构将外立柱紧固在内立柱上,摇臂紧固在外立柱上,主轴箱紧固在摇臂导轨上,然后进行钻削加工。

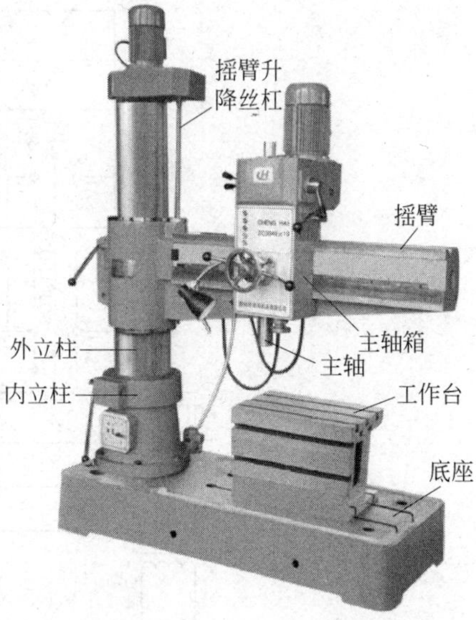

图 10-19 Z3040B 摇臂钻床的外形图

2. 主要运动形式

主运动:主轴的旋转。

进给运动:主轴的轴向进给。

摇臂钻床除主运动与进给运动外,还有外立柱、摇臂和主轴箱的辅助运动,它们都有夹紧装置和固定位置。摇臂的升降及夹紧放松由一台异步电动机拖动,摇臂的回转和主轴箱的径向移动采用手动,立柱的夹紧松开由一台电动机拖动一台齿轮泵来供给夹紧装置所用的压力油来实现,同时通过电气联锁来实现主轴箱的夹紧与放松。摇臂钻床的主轴旋转和摇臂升降不允许同时进行,以保证安全生产。

3. 电力拖动特点及控制要求

① 由于摇臂钻床的运动部件较多,为简化传动装置,使用多台电动机拖动,主电动机承担主钻削及进给任务,摇臂升降及其夹紧放松、立柱夹紧放松和冷却泵各用一台电动机拖动。

② 为了适应多种加工方式的要求,主轴及进给应在较大范围内调速。但这些调速都是机械调速,用手柄操作变速箱调速,对电动机无任何调速要求。从结构上看,主轴变速机构与进给变速机构应该放在一个变速箱内,而且两种运动由一台电动机拖动是合理的。

③ 加工螺纹时要求主轴能正反转。摇臂钻床的正反转一般用机械方法实现,电动机只需单方向旋转。

二、电气控制电路分析

Z3040B 摇臂钻床的电气控制电路如图 10-20 所示。

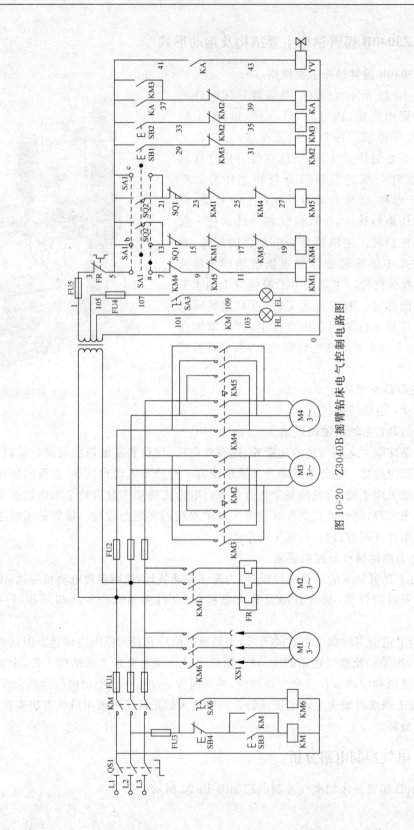

图 10-20 Z3040B 摇臂钻床电气控制电路图

1. 主电路分析

本机床的电源开关采用接触器 KM,这是由于本机床的主轴旋转和摇臂升降不用按钮操作,而采用了不自动复位的开关操作。用按钮和接触器来代替一般的电源开关,就可以具有零压保护和一定的欠电压保护作用。

主电动机 M2 和冷却泵电动机 M1 都只需单方向旋转,所以用接触器 KM1 和 KM6 分别控制。立柱夹紧松开电动机 M3 和摇臂升降电动机 M4 都需要正反转,所以各用两只接触器控制。KM2 和 KM3 控制立柱的夹紧和松开;KM4 和 KM5 控制摇臂的升降。Z3040B 型摇臂钻床的四台电动机只用了两套熔断器作短路保护,只有主轴电动机具有过载保护。因立柱夹紧松开电动机 M3 和摇臂升降电动机 M4 都是短时工作,故不需要用热继电器来作过载保护。冷却泵电动机 M1 因容量很小,也没有应用保护器件。

在安装实际的机床电气设备时,应当注意三相交流电源的相序。如果三相电源的相序接错了,电动机的旋转方向就要与规定的方向不符,在开动机床时容易发生事故。Z3040B 型摇臂钻床三相电源的相序可以用立柱的夹紧机构来检查。Z3040B 型摇臂钻床立柱的夹紧和放松动作有指示标牌指示。接通机床电源,使接触器 KM 动作,将电源接入机床。然后按压立柱夹紧或放松按钮 SB1 和 SB2。如果夹紧和松开动作与标牌的指示相符合,就表示三相电源的相序是正确的。如果夹紧与松开动作与标牌的指示相反,三相电源的相序一定是接错了。这时就应当关断总电源,把三相电源线中的任意两根电线对调位置接好,就可以保证相序正确。

2. 控制电路分析

(1) 电源接触器和冷却泵的控制

按下按钮 SB3,电源接触器 KM 吸合并自锁,把机床的三相电源接通。按下按钮 SB4,KM 断电释放,机床电源即被断开。KM 吸合后,转动 SA6,使其接通,KM6 则得电吸合,冷却泵电动机旋转。

(2) 主轴电动机和摇臂升降电动机控制

采用十字开关操作,控制电路中的 SA1a、SA1b 和 SA1c 是十字开关的三个触点。十字开头的手柄有五个位置。当手柄处在中间位置,所有的触点都不通,手柄向右,触点 SA1a 闭合,接通主轴电动机接触器 KM1;手柄向上,触点 SA1b 闭合,接通摇臂上升接触器 KM4;手柄向下,触点 SA1c 闭合,接通摇臂下降接触器 KM5。手柄向左的位置,未加利用。十字开关的使用使操作形象化,不容易误操作。十字开关操作时,一次只能占有一个位置,KM1、KM4、KM5 三个接触器就不会同时得电,这就有利于防止主轴电动机和摇臂升降电动机同时启动运行,也减少了接触器 KM4 与 KM5 的主触点同时闭合而造成短路事故的机会。但是单靠十字开关还不能完全防止 KM1、KM4 和 KM5 三个接触器的主触点同时闭合的事故。因为接触器的主触点由于得电发热和火花的影响,有时会焊住而不能释放。特别是在动作很频繁的情况下,更容易发生这种事故。这样,就可能在开关手柄改变位置时,一个接触器未释放,而另一个接触器又吸合,从而发生事故。所以,在控制电路上,KM1、KM4、KM5 三个接触器之间都有动断触点进行联锁,使电路的动作更为安全可靠。

(3) 摇臂升降和夹紧工作的自动循环摇臂钻床正常工作时,摇臂应夹紧在立柱上。因此,在摇臂上升或下降之时,必须先松开夹紧装置。当摇臂上升或下降到指定位置时,夹紧装置又须将摇臂夹紧。本机床摇臂的松开,升(或降)、夹紧这个过程能够自动完成。将十字开关扳到上升位置(即向上),触点 SA1b 闭合,接触器 KM4 吸合,摇臂升降电动机启动正转。这时候,摇臂还不会移动,电动机通过传动机构,先使一个辅助螺母在丝杆上旋转上升,辅助螺母带动夹紧装置使之松开。当夹紧装置松开时,带动行程开关 SQ2,其触点 SQ2(5-21)闭合,为接通接触器 KM5 作好准备。摇臂松开后,辅助螺母继续上升,带动一个主螺母沿着丝杆上升,主螺母则推动摇臂上升。摇臂升到预定高度,将十字开关扳到中间位置,触点 SA1b 断开,接触器 KM4 断电释放。电动机停转,摇臂停止上升。由于行程开关 SQ2(5-21)仍旧闭合着,所以在 KM4 释放后,接触器 KM5 即得电吸合,摇臂升降电动机即反转,这时电动机只是通过辅助螺母使夹紧装置将摇臂夹紧,摇臂并不下降。当摇臂完全夹紧时,行程开关 SQ2(5-21)立即断开,接触器 KM5 就断电释放,电动机 M4 停转。

摇臂下降的过程与上述情况相同。

SQ1 是组合行程开关,它的两对动断触点分别作为摇臂升降的极限位置控制,起终端保护作用。当摇臂上升或下降到极限位置时,由撞块使 SQ1(13-15)或(21-23)断开,切断接触器 KM4 和 KM5 的通路,使电动机停转,从而起到了保护作用。

SQ1 为自动复位的组合行程开关,SQ2 为不能自动复位的组合行程开关。

摇臂升降机构除了电气限位保护以外,还有机械极限保护装置,在电气保护装置失灵时,机械极限保护装置可以起保护作用。

(4)立柱和主轴箱的夹紧控制

本机床的立柱分内外两层,外立柱可以围绕内立柱作 360°的旋转。内外立柱之间有夹紧装置。立柱的夹紧和放松由液压装置进行,电动机拖动一台齿轮泵。电动机正转时,齿轮泵送出压力油使立柱夹紧;电动机反转时,齿轮泵送出压力油使立柱放松。

立柱夹紧电动机用按钮 SB1 和 SB2 及接触器 KM2 和 KM3 控制,其控制为点动控制。按下按钮 SB1 或 SB2,KM2 或 KM3 就得电吸合,使电动机正转或反转,将立柱夹紧或放松。松开按钮,KM2 或 KM3 就断电释放,电动机即停止。立柱的夹紧松开与主轴箱的夹紧松开有电气上的联锁。立柱松开,主轴箱也松开,立柱夹紧,主轴箱也夹紧,当按 SB2 接触器 KM3 吸合,立柱松开,KM3(5-37)闭合,中间继电器 KA 得电吸合并自保。KA 的一个动合触点接通电磁阀 YV,使液压装置将主轴箱松开。在立柱放松的整个时期内,中间继电器 KA 和电磁阀 YV 始终保持工作状态。按下按钮 SB1,接触器 KM2 得电吸合,立柱被夹紧。KM2 的动断辅助触点(37-39)断开,KA 断电释放,电磁阀 YV 断电,液压装置将主轴箱夹紧。

在该控制电路里,不能用接触器 KM2 和 KM3 来直接控制电磁阀 YV。因为电磁阀必须保持得电状态,主轴箱才能松开。一旦 YV 断电,液压装置立即将主轴箱夹紧。KM2 和 KM3 均是点动工作方式,当按下 SB2 使立柱松开后放开按钮,KM3 断电释放,立柱不会再夹紧,这样为了使放开 SB2 后,YV 仍能始终得电就不能用 KM3 来直接控制 YV,而必须用一只中间继电器 KA,在 KM3 断电释放后,KA 仍能保持吸合,使电磁阀 YV 始终得电,从而使主轴箱始终松开。只有当按下 SB1,使 KM2 吸合,立柱夹紧,KA 才会释放,YV 才断电,主轴箱被夹紧。

思考与练习十

10.1　T68 镗床主要由哪些部分组成？

10.2　T68 镗床主要有哪些运动形式？

10.3　T68 镗床主轴采用什么制动形式？

10.4　T68 镗床主轴出现有低速运行无高速运行情况可能是什么原因？

10.5　T68 镗床出现无制动情况可能是什么原因？

10.6　T68 镗床变速冲动有什么作用？

10.7　T68 镗床在图 10-3 所示控制电路的 10 区的 11→KA1→13 出现故障，请问故障现象是什么？

10.8　T68 镗床在图 10-3 所示控制电路的 20 区的 21→SR2→31 出现故障，请问故障现象是什么？

10.9　T68 镗床无主轴点动，请分析可能的故障范围。

项目十一　XA6132 铣床电气控制电路的分析与故障排除

知识目标：
① 能叙述 XA6132 铣床的主要作用以及主要的机械运动控制方法。
② 能叙述 XA6132 铣床的电气控制电路工作过程。

能力目标：
① 会操作 XA6132 铣床。
② 会观察 XA6132 铣床故障现象，会分析故障范围。
③ 会综合应用故障检查的方法维修 XA6132 铣床。

任务一　识读 XA6132 铣床电气控制电路

本任务主要介绍 XA6132 铣床主要机械结构、XA6132 铣床的作用、机械动作过程、电气工作原理、故障现象的认识与分析。

一、相关知识

铣床是一种通用的多用途机床，它可以用圆柱铣刀、圆片铣刀、成型铣刀及端面铣刀等工具对各种零件进行平面、斜面、螺旋面及成型表面的加工，还可以加装万能铣头和圆工作台来扩大加工范围。如图 11-1 所示为 XA6132 铣床实物图。

（一）XA6132 铣床基本知识

1. XA6132 铣床主要机械结构及运动

（1）主要结构

主要结构有床身、悬梁、刀杆支架、升降台，如图 11-2 所示。

（2）主要运动

① 主运动：主轴电动机驱动主轴带动刀具作顺铣、逆铣，转动方向可手动预选。为了换刀方便，主轴采用电磁离合器制动。为了主轴和进给机械变速后的齿轮啮合，采用瞬时变速冲动。

② 升降式工作台进给运动（进给电动机驱动）：工作台带工件作快进、工进运动。升降台有矩形（直线运动）、圆形（圆弧运动）两层结构。

矩形工作台的六个运动方向和圆工作台的旋转运动要求互锁，任何时刻，只允许存在一种运动形式的一个方向运动。

为了避免打刀（安全），要求有先做主轴旋转，然后工件进给的顺序控制。

项目十一　XA6132铣床电气控制电路的分析与故障排除

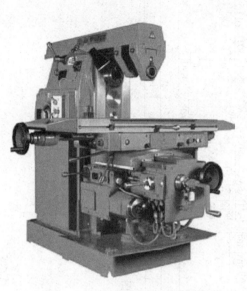

图 11-1　XA6132 铣床实物图

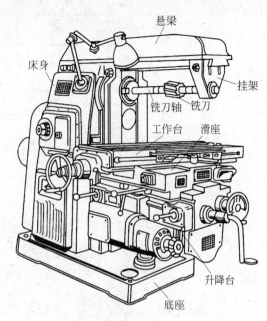

图 11-2　XA6132 铣床结构图

2. 电力拖动特点及控制要求

① 主轴电动机需要正反转,但方向的改变并不频繁。根据加工工艺的要求,有的工件需要顺铣(电动机正转),有的工件需要逆铣(电动机反转)。大多数情况下是一批或多批工件只用一种方向铣削,并不需要经常改变电动机转向。因此,可用电源相序转换开关实现主轴电动机的正反转,节省一个反向转动接触器。

② 铣刀的切削是一种不连续切削,容易使机械传动系统发生振动,为了避免这种现象,在主轴传动系统中装有惯性轮,但在高速切削后,停车很费时间,故采用电磁离合器制动。

③ 工作台既可以做六个方向的进给运动,又可以在六个方向上快速移动。

④ 为防止刀具和机床的损坏,要求只有主轴旋转后,才允许有进给运动。为了减小加工件表面的粗糙度,只有进给停止后主轴才能停止或同时停止。本机床在电气上采用了主轴和进给同时停止的方式,但由于主轴运动的惯性很大,实际上就保证了进给运动先停止、主轴运动后停止的要求。

⑤ 主轴运动和进给运动采用变速盘来进行速度选择,为保证变速齿轮进入良好啮合状态,两种运动都要求变速后作瞬时点动(即冲动)。

3. XA6132 铣床控制电路图

XA6132 铣床控制电路图如图 11-3 所示。XA6132 铣床电气元件功能表见表 11-1。

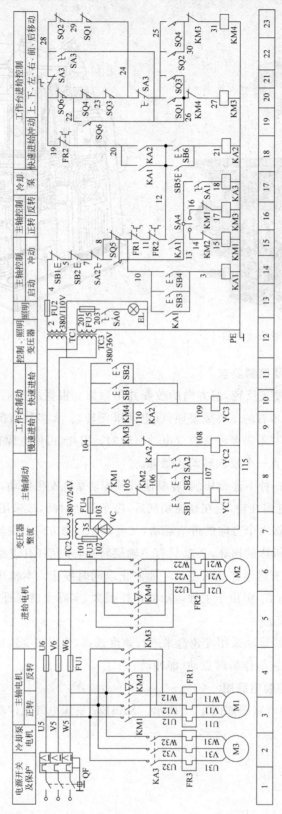

图 11-3 XA6132 铣床控制电路图

项目十一 XA6132铣床电气控制电路的分析与故障排除

表 11-1 XA6132铣床电气元件功能表

符号	元件名称	用途	符号	元件名称	用途
EL1	照明灯	机床照明灯	SA1	转换开关	冷却泵控制
VC1	整流器	提供离合器直流电源	SQ6	行程开关	进给变速冲动
TC3	变压器	照明电源	SQ5	行程开关	主轴变速冲动
TC1	变压器	控制电源	SQ4	行程开关	工作台向后及向上
YC3	离合器	快速、制动离合器	SQ3	行程开关	工作台向前及向下
YC2	离合器	进给、制动离合器	SQ2	行程开关	工作台向左进给
YC1	离合器	主轴制动离合器	SQ1	行程开关	工作台向右进给
FU2-FU5	熔断器	安全保险	KA1	继电器	主轴自锁控制
SB5-SB6	按钮	快速进给	SQ7	行程开关	电柜防护联锁用
SB3-SB4	按钮	主轴起动	KA3	继电器	冷却泵启动
SB1-SB2	按钮	主轴停止	KA2	继电器	快速进给
FR3	热继电器	冷却泵电动机过载保护	KM4	接触器	进给电动机反转
FR2	热继电器	进给电动机过载保护	KM3	接触器	进给电动机正转
FR1	热继电器	主轴电动机过载保护	KM2	接触器	主轴电动机反转
FU1	熔断器	安全保险	KM1	接触器	主轴电动机正转
QF1	空气开关	电源空气开关	M1	主轴电动机	驱动主轴
SA4	转换开关	主轴换向控制	M3	进给电动机	驱动快速移动
SA3	转换开关	圆工作台控制	M2	冷却泵电动机	加工工件冷却
SA2	转换开关	主轴换刀制动控制			

(二) XA6132铣床电气控制电路分析

XA6132铣床的电气控制电路分为主电路、控制电路和照明电路三部分。

1. 主电路分析

主电路中共有三台电动机,M1是主电动机,拖动主轴带动铣削加工;M2是工作台进给电动机,拖动升降台及工作台进给;M3是冷却泵电动机,供应冷却液;每台电动机均有热继电器作过载保护。

2. 控制电路分析

(1) 主轴电动机的控制

控制电路中的启动按钮SB3和SB4是异地控制按钮,分别装在机床两处,方便操作。SB1和SB2是停止按钮。KM1、KM2是主轴电动机M1的启动接触器,YC1则是主轴制动用的电磁离合器,SQ5是主轴变速冲动的行程开关。

① 主轴电动机的启动。

如图11-4所示是主轴电动机的正转控制电路。启动前先合上电源开关QS1,再把主轴转换开关SA4扳到所需要的旋转方向,然后按启动按钮SB3(或SB4),接触器KM1(或

KM2)得电动作,其主触点闭合,主轴电动机 M1 启动。

② 主轴电动机的停车制动。

如图 11-5 所示是主轴电动机制动控制电路。当铣削完毕,需要主轴电动机 M1 停车时,按停止按钮 SB1(SB2),接触器 KM1 线圈断电释放,电动机 M1 停电,同时由于 SB1 或 SB2 动合触点接通电磁离合器 YC1,对主轴电动机进行制动。当主轴停车后方可松开停止按钮。

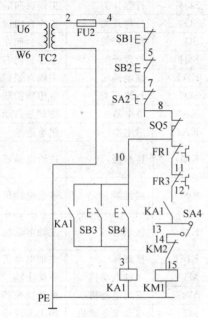

图 11-4　主轴电动机的正转控制电路

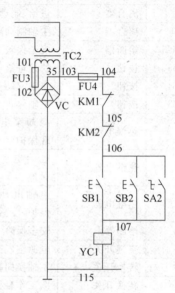

图 11-5　主轴电动机的制动控制电路

③ 主轴换铣刀控制。

主轴上更换铣刀时,为避免主轴转动,造成更换困难,应将主轴制动。方法是将转换开关 SA2 扳到换刀位置,动合触点 SA2 闭合,电磁离合器 YC1 得电,将电动机轴抱住;同时动断触点 SA2 断开,切断控制电路,机床无法运行,保证了人身安全。

④ 主轴变速时的冲动控制。

如图 11-6 所示变速冲动控制电路。主轴变速时的冲动控制,是利用变速手柄与冲动行程开关 SQ5 通过机械上的联动机构进行控制的。

将变速手柄拉开,啮合好的齿轮脱离,可以用变速盘调整所需要的转速(实质是改变齿轮传动比),然后将变速手柄推回原位,使变了传动比的齿轮组重新啮合。由于齿与齿之间的位置不能刚好对上,啮合将不便实现。若在啮合时齿轮系统冲动一下,啮合将容易实现。当手柄推进时,手柄上装的凸轮将弹簧杆推动一下又返回,而弹簧杆又推动

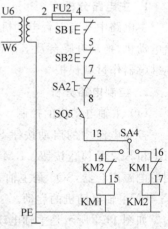

图 11-6　主轴变速冲动控制电路

项目十一 XA6132铣床电气控制电路的分析与故障排除

一下位置开关SQ5,SQ5的动断触点先断开,而后动合触点SQ5闭合,使接触器KM1(或KM2)得电吸合,电动机M1启动;但紧接着凸轮放开弹簧杆,SQ5复位,动合触点SQ5先断开,动断触点SQ5后闭合,电动机M1断电。此时并未采取制动措施,故电动机M1产生一个冲动齿轮系统的力,足以使齿轮系统抖动,保证了齿轮的顺利啮合。

(2) 工作台进给电动机的控制

① 工作台纵向进给。

工作台的左右(纵向)运动是由"工作台纵向操纵手柄"来控制。手柄有三个位置:向左、向右、零位(停止)。当手柄扳到向左或向右位置时,手柄有两个功能,一是压下位置开关SQ1或SQ2,二是通过机械机构将电动机的传动链拨向工作台下面的丝杠,使电动机的动力唯一地传到该丝杠上,工作台在丝杠带动下作左右进给。在工作台两段各设置一块挡块,当工作台纵向运动到极限位置时,挡块撞动纵向操作手柄,使它回到中间位置,工作台停止运动,从而实现纵向运动终端保护。

- 工作台向右运动。如图11-7所示是工作台向右慢进控制电路。主轴电动机M1启动后,将操纵手柄向右扳,其联动机构压动位置开关SQ1,动合触点SQ1闭合,动断触点SQ1断开,接触器KM3得电吸合;电动机M2正转启动,带动工作台向右进给。

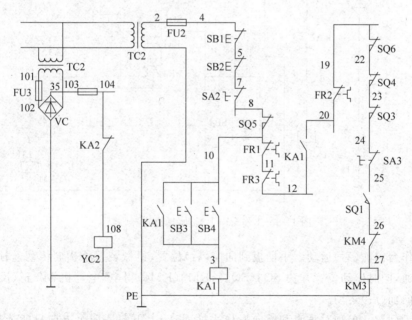

图11-7 工作台向右运动(慢进)控制电路

- 工作台向左进给。控制过程与向右进给相似,只是将纵向操作手柄拨向左,这时位置开关SQ1被压着,SQ1闭合,SQ1断开,接触器KM4得电吸合,电动机反转,工作台向左进给。

② 工作台升降和横向(前后)进给。

操纵工作台上下和前后运动是用同一手柄完成的。该手柄有五个位置,即上、下、前、后和中间位置。当手柄扳向上或向下时,机械上接通了垂直进给离合器;当手柄扳向前或扳向后时,机械上接通了横向进给离合器;手柄在中间位置时,横向和垂直进给离合器均不接通。

在手柄扳到向下或向前位置时,手柄通过机械联动机构使位置开关 SQ3 被压动,接触器 LM3 得电吸合,电动机正转;在手柄扳到向上或向后时,位置开关 SQ4 被压动,接触器 KM4 得电吸合,电动机反转。

- 工作台向上(下)运动。如图 11-8 所示是工作台向上慢进控制电路。在主轴电动机启动后,将纵向操作手柄扳到中间位置,把横向和升降操作手柄扳到向上(下)位置,其联动机构一方面接通垂直传动丝杠的离合器,另一方面使位置开关 SQ4(SQ3)动作,KM4(KM3)得电,电动机 M2 反(正)转,工作台向上(下)运动。将手柄扳回中间位置,工作台停止运动。

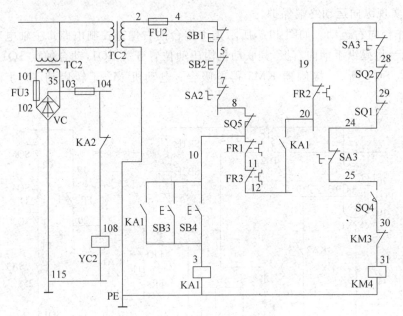

图 11-8　工作台向上运动(慢进)控制电路

- 工作台向前(后)运动。手柄扳到向前(后)位置,机械装置将横向传动丝杠的离合器接通,同时压动位置开关 SQ3(SQ4),KM3(KM4)得电,电动机 M2 正(反)转,工作台向前(后)运动。

- 联锁问题。单独对垂直和横向操作手柄而言,上下前后四个方向只能选择其一,绝不会出现两个方向的可能性。但在操作这个手柄时,纵向操作手柄应扳到中间位置。倘若违背这一要求,即在上下前后四个方向中的某个方向进给时,又将控制纵向的手柄拨动了,这时有两个方向进给,将造成机床重大事故,所以必须联锁保护。从如图 11-3 所示控制电路可以看到,若纵向手柄扳到任一方向,SQ1 或 SQ2 两个位置开关中的一个被压开,接触器 KM3 或 KM4 立刻失电,电动机 M2 停转,从而得到保护。

同理,当纵向操作手柄扳到某一方向而选择了向左或向右进给时,SQ1 或 SQ1 被压着,它们的动断触点 SQ1 或 SQ2 是断开的,接触器 KM3 或 KM4 都由 SQ3 和 SQ4 接通。若发生误操作,使垂直和横向操作手柄扳离了中间位置,而选择上、下、前、后某一方向的进给,就一定使 SQ3 或 SQ4 断开,使 KM3 或 KM4 断电释放,电动机 M2 停止运转,避免了机床事故。

③ 进给变速的冲动控制。

进给变速时,为使齿轮进入良好的啮合状态,也要做变速后的瞬时点动。在进给变速时,只需将变速盘(在升降台前面)往外拉,使进给齿轮松开,待转动变速盘选择好速度以后,将变速盘向里推。

如图 11-9 所示是进给变速的冲动控制电路。在推进时,挡块压动位置开关 SQ6,首先使动断触点 SQ6 断开,然后动合触点 SQ6 闭合,接触器 KM3 得电吸合,电动机 M2 启动。但它并未转起来,位置开关 SQ6 已复位,首先断开 SQ6,而后闭合 SQ6。接触器 KM3 失电,电动机失电停转。这样一来,使电动机接通一下电源,齿轮系统产生一次抖动,使齿轮啮合顺利进行。

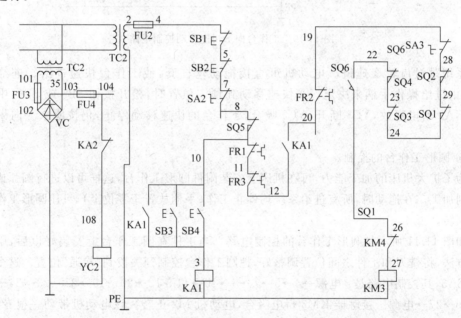

图 11-9 进给变速冲动控制电路

④ 工作台的快速移动。

为了提高劳动生产率,减少生产辅助时间,XA6132 万能铣床在加工过程中,不作铣削加工时,要求工作台快速移动,当进入铣切区时,要求工作台以原进给速度移动。

如图 11-10 所示是工作台的快速移动控制电路。安装好工件后,按下按钮 SB5 或 SB6(两地控制),中间继电器 KA2 得电吸合,它的一个动合触点接通进给控制电路,另一个动合触点连接电磁离合器 YC3,动断触点切断电磁离合器 YC2。离合器 YC2 失电后使齿轮系统和变速进给系统脱离,而离合器 YC3 则是快速进给变速用的,它的吸合,使进给

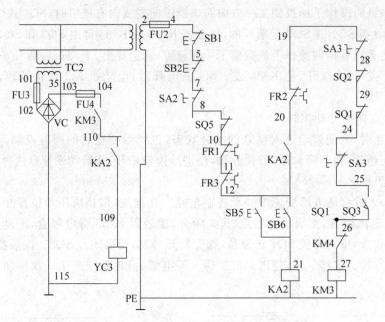

图 11-10　工作台向下快速移动控制电路

传动系统跳过齿轮变速链。电动机可直接拖动丝杠套，使工作台快速进给。进给的方向，仍由进给操作手柄来决定。当快速移动到预定位置时，松开按钮 SB5 或 SB6，中间继电器 KA2 断电释放，YC3 断开，YC2 吸合，工作台的快速移动停止，仍按原来方向做进给运动。

⑤ 圆形工作台的控制。

为了扩大机床的加工能力，可在机床上安装附件圆形工作台，这样可以进行圆弧或凸轮的铣削加工。在拖动时，所有进给系统均停止工作(手柄放置于零位上)，只让圆形工作台绕轴心回转。

如图 11-11 所示是圆形工作台的控制电路。当工件在圆工作台上安装好以后，用快速移动方法，将铣刀和工件之间位置调整好，把圆工作台控制开关拨到"接通"位置。这个开关就是 SA3，其控制电路是：电源→4→5→7→8→10→11→12→20→19→22→23→24→29→28→26→27→电源。接触器 KM3 得电吸合，电动机 M2 正转。该电动机带动一根专用轴，使圆形工作台绕轴心回转，铣刀铣出圆弧。在圆工作台开动时，其余进给一律不准运动，若有误操作，拨动了两个进给手柄中的任意一个，则必然会使位置开关 SQ3～SQ6 中的某一个被压动，则其动断触点将断开，使电动机停转，从而避免了机床事故。

圆工作台在运转过程中不要求调速，也不要求反转。按下主轴停止按钮 SB5 或 SB6，主轴停转，圆形工作台也停转。

⑥ 工作台进给制动。

为了提高工作效率，工作台设置了进给制动控制。如图 11-12 所示是工作台进给制动控制电路，进给制动时 YC2 与 YC3 同时得电。

项目十一　XA6132铣床电气控制电路的分析与故障排除

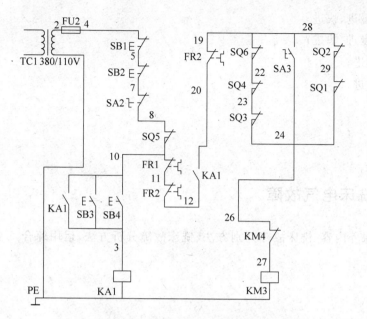

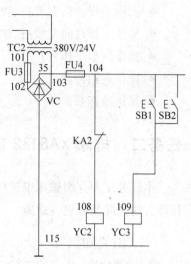

图 11-11　圆形工作台的控制电路　　　　　图 11-12　工作台进给制动电路

3．冷却和照明控制

冷却泵只有在主电动机启动后才能启动，所以主电路中将 M3 接在主接触器 KM1 触点后面，另外又可用开关 SA1 控制。

机床照明由变压器 T1 供给 24V 安全电压，用开关 SA0 控制。

二、技能训练

（一）训练目的

① 认识 XA6132 铣床主要机械结构、电气驱动的运动部件。

② 认识 XA6132 铣床主要电气部件，了解电气部件作用。

③ 会操作 XA6132 铣床主轴运动、进给运动。

（二）训练器材

XA6132 铣床（或模拟 XA6132 铣床）。

（三）训练内容与步骤

1．训练内容

操作 XA6132 铣床，观察电气控制部分的动作情况。

2．训练步骤

① 观察 XA6132 铣床机械结构，打开控制柜，观察电气控制部件。

② 合上电源，完成以下运动控制操作。

- 操作主轴正转、反转；
- 操作主轴停车制动、换刀制动；
- 操作主轴冲动；

- 操作工作台向后及向上慢进、快进；
- 操作工作台向前及向下慢进、快进；
- 操作工作台向右慢进、快进；
- 操作工作台向左慢进、快进；
- 操作圆形工作台；
- 操作进给冲动；
- 操作冷却泵。

任务二 排除 XA6132 铣床电气故障

本任务主要介绍铣床维护保养内容，铣床故障判别方法、铣床故障分析方法、运用综合排故方法排除铣床电气故障。

一、相关知识

（一）常见电气故障分析及检查

1. 主轴电动机 M1 不能启动

主轴电动机 M1 不能启动分许多情况，如按下启动按钮 SB2，M1 不能启动；运行中突然自行停车，并且不能立即再启动；按下 SB2，FU2 熔丝熔断；当按下停止按钮 SB1 后，再按启动按钮 SB2，电动机 M1 不能再启动。

发生以上故障，应首先确定故障发生在主电路还是在控制电路。依据是接触器 KM1 是否吸合。若是主电路故障，应检查车间配电箱及支电路开关的熔断器熔丝是否熔断；导线连接处是否有松脱现象；KM1 主触点接触是否良好。若是控制电路故障，主要检查熔断器 FU2 是否熔断；过载保护 FR1 是否动作；接触器线圈 KM1 接线端子是否松脱；按钮 SB1 和 SB2 触点接触是否良好等。

2. 主轴电动机 M1 启动后不能自锁

当按下启动按钮 SB2 时，主轴电动机能启动运转，但松开 SB2 后，M1 也随之停止。造成这种故障的原因是接触器 KM1 动合辅助触点（自锁触点）的连接导线松脱或接触不良。

3. 主轴电动机 M1 不能停止

这类故障的原因多数是因接触器 KM1 的主触点发生熔焊或停止按钮 SB1 击穿短路所致。

4. 刀架快速移动电动机不能启动

首先检查熔断器 FU1 的熔丝是否熔断，然后检查中间继电器 KA2 触点的接触是否良好；若无异常或按下点动按钮 SB3 时，中间继电器 KA2 不吸合，则故障必定在控制电路中。这时应依次检查热继电器 FR1 和 FR2 的动断触点，点动按钮 SB3 及中间继电器 KA2 的线圈有否断路现象。

（二）XA6132铣床故障现象分析

（1）如图11-13所示为XA6132铣床直流控制电路，分析下列故障现象

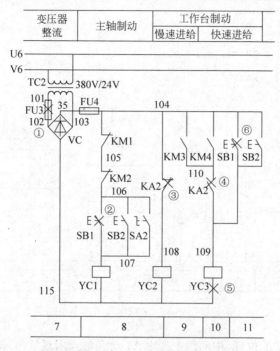

图11-13　XA6132铣床直流控制电路

① 如果在7区①的位置，熔断器FU3出现故障，故障现象是什么？
主轴无制动，工作台无慢进、无快进、无进给制动。
② 如果在8区②的位置，按钮SB1动合触点出现故障，故障现象是什么？
主轴无制动。
③ 如果在8区③的位置，中间继电器KA2动断触点出现故障，故障现象是什么？
工作台无慢进、无进给制动。
④ 如果在10区④的位置，中间继电器KA2动合触点出现故障，故障现象是什么？
工作台无快进。
⑤ 如果在10区⑤的位置，115号线出现故障，故障现象是什么？
工作台无快进、无进给制动。
⑥ 如果在11区⑥的位置，按钮SB1动合触点出现故障，故障现象是什么？
工作台无进给制动。

（2）如图11-14所示为XA6132铣床交流控制电路，分析下列故障现象
① 如果在13区①的位置，熔断器FU2出现故障，故障现象是什么？
主轴无运动、进给无运动、冷却泵不工作。
② 如果在13区②的位置，按钮SB3动合触点出现故障，故障现象是什么？
主轴无异地启动。

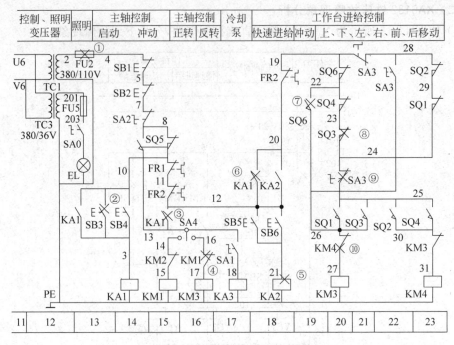

图 11-14 XA6132 铣床交流控制电路

③ 如果在 15 区③的位置,中间继电器 KA1 动合触点出现故障,故障现象是什么？
主轴无正反转运动、冷却泵不工作。

④ 如果在 16 区④的位置,接触器 KM1 动断触点出现故障,故障现象是什么？
主轴无反转运动。

⑤ 如果在 18 区⑤的位置,中间继电器 KA2 线圈出现故障,故障现象是什么？
工作台无快速进给。

⑥ 如果在 18 区⑥的位置,中间继电器 KA1 动合触点出现故障,故障现象是什么？
工作台无慢速进给。

⑦ 如果在 19 区⑦的位置,行程开关 SQ6 动合触点出现故障,故障现象是什么？
工作台无进给变速冲动。

⑧ 如果在 20 区⑧的位置,行程开关 SQ3 动断触点出现故障,故障现象是什么？
工作台无左右快速进给、无左右慢速进给。

⑨ 如果在 20 区⑨的位置,转换开关 SA3 动断触点出现故障,故障现象是什么？
工作台无左右快速进给、无左右慢速进给、无下前快速进给、无下前慢速进给、无上后快速进给、无上后慢速进给。

⑩ 如果在 20 区⑩的位置,接触器 KM4 动断触点出现故障,故障现象是什么？
工作台无左右快速进给、无左右慢速进给、无下前快速进给、无下前慢速进给、无进给变速冲动,圆形工作台不工作。

(三) XA6132 铣床故障范围分析

(1) 如果 XA6132 铣床工作台无快速进给,可能的故障范围是什么(仅限一个故障点)

项目十一　XA6132铣床电气控制电路的分析与故障排除

快速进给从主电路来看是有进给电动机(M2)提供动力,由于慢速进给正常,说明主电路进给电动机能够正常工作,所以可以排除主电路发生故障的可能性,故障不在主电路。

根据原理图可以看出,快速进给有直流回路与交流回路共同控制。

直流回路部分为 9 区与 10 区 104→KM3(KM4)→110→KA2→109→YC3 线圈→115。

由于进给制动正常,说明 YC3 线圈、115 没问题,所以直流部分可能的故障范围为 104→KM3(KM4)→110→KA2→109。

交流控制回路为 12→SB5(SB6)→21→KA2 线圈→PE。由于工作台快进这一条回路与其他工作回路无关,所以交流部分可能的故障范围为 12→SB5(SB6)→21→KA2 线圈→PE。

在实际排故时,进一步观察故障现象,还可以缩小故障范围。如果中间继电器 KA2 线圈不能够吸合,说明可能的故障范围不在直流回路,而在交流回路,所以故障范围可能是 12→SB5(SB6)→21→KA2 线圈→PE。

(2) 如果 XA6132 铣床工作台无上后、下前快慢进给,无进给快速冲动,圆形工作台不工作,可能的故障范围是什么(仅限一个故障点)

由于主电路 KM3 控制工作台进给是右和下前,而工作台向右能够正常工作,说明 KM3 控制的主电路部分正常;KM4 控制工作台进给是左和上后,而工作台向左能够正常工作,说明 KM4 控制的主电路部分正常,所以主电路部分正常没有故障。

直流控制电路部分,直流慢进控制电路部分为 104→KA2→108→YC2 线圈→115,由于工作台向右、左慢进能够正常工作,说明该部分没有问题。直流快进控制电路部分为 104→KM3(KM4)→110→KA2→109→YC3 线圈→115。同样由于工作台向右、左快进能够正常工作,说明该部分也没有问题。所以,直流控制电路部分正常没有故障。

交流控制部分分析,由于涉及故障现象较多,可以选择一个故障现象重点分析,结合其他故障现象分析,如工作台无上后进给,无上后进给的交流控制回路是:2→FU2→4→SB1→5→SB2→7→SA2→8→SQ5→FR1→11→FR2→12→KA1(KA2)→20→FR2→19→SA3→28→SQ2→29→SQ1→24→SA3→25→SQ4→30→KM3→31→KM4 线圈→PE。

由于工作台向左能够正常工作,工作台向左进给的交流控制回路是:2→FU2→4→SB1→5→SB2→7→SA2→8→SQ5→FR1→11→FR2→12→KA1(KA2)→20→FR2→19→SQ6→22→SQ4→23→SQ3→24→SA3→25→SQ4→30→KM3→31→KM4 线圈→PE。

工作台向左正常工作,说明 2→FU2→4→SB1→5→SB2→7→SA2→8→SQ5→FR1→11→FR2→12→KA1(KA2)→20→FR2→19 正常,以及 SA3→25→SQ4→30→KM3→31→KM4 线圈→PE 也正常。

再根据其他工作现象分析故障范围,因为工作台无下前快慢进给、无进给快速冲动,圆形工作台不工作,这些运动都通过 28→SQ2→29→SQ1→24,所以可以确定故障范围为 28→SQ2→29→SQ1→24。

二、技能训练

(一)训练目的

① 认识 XA6132 铣床故障现象。

② 会根据故障现象判断故障范围。
③ 会用电压法、电阻法、短路法检查故障点。
④ 能够正确排除 XA6132 铣床的故障。

（二）训练器材

XA6132 铣床（或模拟 XA6132 铣床）。

（三）训练内容与步骤

1．训练内容

XA6132 铣床电气故障的判断与维修。

2．训练步骤

（1）观察 XA6132 铣床部分故障现象

在如图 11-15 所示位置分别设置了一个故障，通过操作说明分别是什么故障现象？

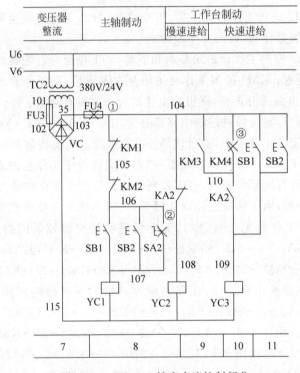

图 11-15 XA6132 铣床直流控制部分

① 7 区①号位置的熔断器 FU4 故障的故障现象是：主轴无制动，工作台无慢进、无快进、无进给制动。

② 8 区②号位置的转换开关 SA2 故障的故障现象是：无换刀制动。

③ 10 区③号位置的接触器 KM4 动合触点故障的故障现象是：工作台无左、上后快进。

在如图 11-16 所示位置分别设置了一个故障，通过操作说明分别是什么故障现象？

① 13 区①号位置的中间继电器 KA1 动合触点故障的故障现象是：主轴无自锁。

项目十一　XA6132铣床电气控制电路的分析与故障排除

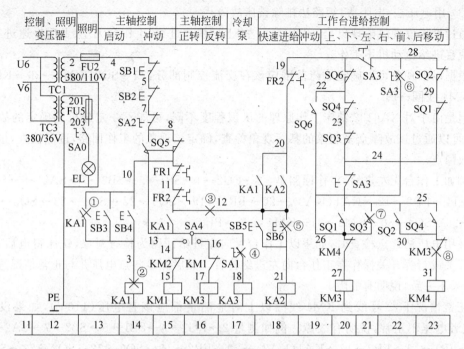

图 11-16　XA6132铣床交流控制电路

② 14 区②号位置的中间继电器 KA1 线圈故障的故障现象是：主轴无正反转、冷却泵不能工作。

③ 16 区③号位置的 12 号线故障的故障现象是：工作台无进给、无进给冲动，圆形工作台不工作。

④ 17 区④号位置的转换开关 SA1 动合触点故障的故障现象是：冷却泵不能工作。

⑤ 18 区⑤号位置的按钮 SB6 动合触点故障的故障现象是：工作台快速进给无异地控制。

⑥ 21 区⑥号位置的转换开关 SA3 动合触点故障的故障现象是：圆形工作台不工作。

⑦ 21 区⑦号位置的行程开关 SQ3 动合触点故障的故障现象是：工作台无下前快慢进给。

⑧ 23 区⑧号位置的接触器 KM3 动断触点故障的故障现象是：工作台无左、上后快慢进给。

（2）根据以下故障现象分析故障范围（仅限一个故障点）

① 工作台无左右快慢进给，圆形工作台不能工作。

故障范围是：交流控制回路的 20 区 9、SQ6、22。

② 主轴无变速冲动。

故障范围是：交流控制回路的 14 区 8、SQ5、13。

(3) 用电压法、电阻法、短路法排除铣床故障

通过操作发现故障现象是：工作台无左、上后快速进给，工作台无左、上后慢速进给，进一步观察进给电动机不工作。

根据以上现象可以确定故障范围应该在交流控制部分，25→SQ2(SQ4)→30→KM3→31→KM4 线圈→PE。

但是由于对 XA6132 铣床工作原理的认识程度不同，可能不一定分析到确定的故障范围，也可以通过该故障众多现象的某一现象检查，确定该现象的工作回路，逐点检查，也可以查到故障点。

例如工作台无左进给，工作回路是：2→FU2→4→SB1→5→SB2→7→SA2→8→SQ5→FR1→11→FR2→12→KA1(KA2)→20→FR2→19→SQ6→22→SQ4→23→SQ3→24→SA3→25→SQ4→30→KM3→31→KM4 线圈→PE。

在用电压法逐点检查时，如果以工作台无向左进给回路为检查对象，铣床得电后，就必需把开关或行程开关操作在工作台向左进给位置。然后测量各点电压并与正常情况进行比较，如果不一致，说明有故障。

正常情况下，2 号线到 KM4 线圈以上对地测量都应该有电压（110V），如果没有电压，或者电压不正常，说明有故障。例如测量 2→FU2→4→SB1→5→SB2→7→SA2→8→SQ5→FR1→11→FR2→12→KA1(KA2)→20→FR2→19→SQ6→22→SQ4→23→SQ3→24→SA3→25→SQ4→30 对地都有 110V 的电压，说明以上部分正常。当测量到 31 号线时电压为 0，说明 31 号线可能有故障，由于 31 号线的电是通过 KM3 动断触点过来的，此时可以再测量接触器 KM3 的动断触点上的 30 号线，以及测量接触器 KM3 的动断触点上的 31 号线，如果 30 号线有电压，31 号线没有电压，说明故障是接触器 KM3 的动断触点。

为了证明接触器 KM3 动断触点的故障，可以用电阻法实证。在断电以后，断开该回路，人为按下接触器的衔铁，使动断触点闭合，通过万用表电阻挡测量动断触点的电阻，如果电阻为无穷大说明动断触点确实有故障。

在上面的维修过程中，为了进一步确定接触器 KM3 的动断触点故障，还可以用短路法来确定，用一根短接线在断电后把 KM3 的动断触点短接，然后得电试车，如果工作台有向左进给了，说明故障就是 KM3 的动断触点。

然后断电，拆下 KM3 接触器对接触器触点进行维修，如果是紧急抢修，可以先用接触器 KM3 的另外一组动断触点。

在使用短路法排故时，注意短接电路，并不是所有的电路都可以用短路法维修，耗能元件不能短接，有其他回路一般也不能短接，短路法一般用于独立的电路部分，而且该部分电路中不含耗能元件。

项目评价

完成任务一、任务二的学习与技能训练后，填写表 11-2 所列项目评分表。

项目十一 XA6132铣床电气控制电路的分析与故障排除

表 11-2 X6132W 卧式铣床电气排故评分表

项目名称				姓名		总分	
序号	项目	考核要求	评分标准	配分	扣分	备注	
1	熟悉 X6132W 卧式铣床	能正确指认机械和电器部件,会简单操作 X6132W 卧式铣床	指认不正确或是操作不熟练,一次扣 2 分	10			
2	调查故障	1. 对故障进行调查,弄清出现故障时的现象 2. 查阅有关记录	1. 排除故障前不进行调查研究,扣 10 分 2. 调试不熟练、故障现象分析不全面,酌情扣 5~10 分	10			
3	故障分析	1. 根据故障现象,分析故障原因,思路正确 2. 判明故障部位	1. 故障分析思路不够清晰,扣 20 分 2. 不能确定最小故障范围,扣 20 分	30			
4	故障排除	1. 正确使用工具和仪表 2. 找出故障点并排除故障 3. 排除故障时要遵守电缆检修的有关工艺要求 4. 根据情况进行电气试验	1. 不能找出故障点,扣 15 分 2. 不能排除故障,扣 15 分 3. 排除故障方法不正确,扣 10 分 4. 根据故障情况不会进行电气试验,扣 10 分	50			
5	安全文明	操作如有失误,要从此项总分中扣分	1. 排除故障时,产生新的故障后不能自行修复,每个故障从本项总分中扣 30 分;已经修复,每个故障从本项总分中扣 5 分 2. 损坏电缆,从本项总分中扣 10~40 分				

注:① 本项目满分 100 分。
② 本项目训练时间限定在 30min。
③ 本项目故障点仅设置 1 个。

知识拓展 数控机床简介

一、数控机床的定义

国际信息处理联盟 IFIP(International Federation of Information Processing)对数控机床的定义为:数控机床是一种装有程序控制的机床,机床的运动和动作按照这种程序系统发出的特定代码和符号编码组成的指令进行。国标 GB8129—1987 将"数控"定义为:用数字化信息对机床运动及其加工过程进行控制的一种方法。

二、数控机床的发展趋势

数控机床自 20 世纪 50 年代问世到现在的半个世纪中,数控机床的品种得以不断发展,几乎所有机床都实现了数控化。目前,已经出现了包括生产决策、产品设计及制造和管理等全过程均由计算机集成管理和控制的计算机集成制造系统 CIMS(Computer Integrated Manufacturing System),以实现工厂生产自动化。数控机床的应用领域已从航空工业部门逐步扩大到汽车、造船、机床、建筑等机械制造行业,出现了金属成型类数控机床、特种加工数控机床,还有数控绘图机、数控三坐标测量机等。

① 高精度化　普通级数控机床加工精度已由原来的 $\pm 10\mu m$,提高到 $\pm 5\mu m$ 和 $\pm 2\mu m$,精密级从 $\pm 5\mu m$ 提高到 $\pm 1.5\mu m$。

② 高速度化　提高主轴转速是提高切削速度的最直接方法,现在主轴最高转速可达 50000r/min,进给运动快速移动速度达 30～40m/min。

③ 高柔性化　由单机化发展到单元柔性化和系统柔性化,相继出现柔性制造单元(FMC),柔性制造系统(FMS),和介于二者之间的柔性制造线(FTL)。

④ 高自动化　数控机床除自动编程,上下料、加工等自动化外,还在自动检索、监控、诊断、自动对刀、自动传输的方面发展。

⑤ 复合化　包含工序复合化、功能复合化,在一台数控设备上完成多工序切削加工(车、铣、镗、钻)。

⑥ 高可靠性　系统平均无故障时间 MTBF 由 20 世纪 80 年代 10000h 提高到现在的 30000h,而整机的 MTBF 也从 100～200h 提高到 500～800h。

⑦ 在智能化、网络化方面也得到较大发展　现已出现了通过网络功能进行的远程诊断服务。

三、数控机床的特点

1. 加工精度

数控机床是按数字形式给出的指令进行加工的。目前数控机床的脉冲当量普遍达到了 0.001mm,而且进给传动链的反向间隙与丝杠螺距误差等均可由数控装置进行补偿,因此,数控机床能达到很高的加工精度。

2. 对加工对象的适应性强

在数控机床上改变加工零件时,只需从新编制(更换)程序,输入新的程序就能实现对新的零件的加工,这就为复杂结构的单件、小批量生产以及试制新产品提供了极大的便利。

3. 自动化程度高,劳动强度低

数控机床对零件的加工是按事先编好的程序自动完成的,操作者除了安放穿孔带或操作键盘、装卸工件、关键工序的中间检测以及观察机床运行之外,不需要进行繁杂的重复性手工操作,劳动强度与紧张程度均可大为减轻,加上数控机床一般都具有较好的安全防护、自动排屑、自动冷却和自动润滑装置,操作者的劳动条件也大为改善。

4. 生产效率高

数控机床主轴的转速和进给量的变化范围比普通机床大,因此,数控机床每一道工序都选用最有利的切削用量。由于数控机床的结构刚性好,因此允许进行大切削量的强力切削,这就提高了数控机床的切削功率,节省了机动时间。

数控机床更换被加工零件时几乎不需要重新调整机床,故节省了零件安装、调整时间。数控机床加工质量稳定,一般只做首件检验和工序间关键尺寸的抽样检验,因此节省了停机检验时间。

5. 良好的经济效益

在单件、小批量生产的情况下,使用数控机床加工,可节省划线工时,减少调整、加工和检验时间,节省了直接生产费用;使用数控机床加工零件一般不需要制作专用夹具,节省了工艺装备费用;数控机床加工精度稳定,减少了废品率,使生产成本进一步下降。

6. 有利于现代化管理

采用数控机床加工,能准确地计算出零件加工工时和费用,并有效地简化了检验夹具、半成品的管理工作,这些特点都有利于现代化的生产管理。

四、数控机床的组成

数控机床一般由输入输出装置、数控装置、伺服系统、辅助装置和机床本体组成,其各组成部分的关系如图11-17所示。

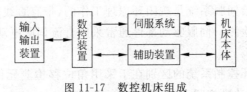

图 11-17 数控机床组成

五、数控机床的分类

1. 按加工工艺方法分类

(1) 普通数控机床

为了不同的工艺需要,普通数控机床有数控车床、铣床、钻床、镗床及磨床等,而且每一类又有很多品种。

(2) 数控加工中心

数控加工中心是带有刀库和自动换刀装置的数控机床。典型的数控加工中心有镗铣加工中心和车削加工中心。

(3) 多坐标数控机床

多坐标联动的数控机床,其特点是数控装置能同时控制的轴数较多,机床结构也较复杂。坐标轴数的多少取决于加工零件的复杂程度和工艺要求,现在常用的有四、五、六坐标联动的数控机床。

(4) 数控特种加工机床

数控特种加工机床包括电火花加工机床、数控线切割机床、数控激光切割机床等。

2. 按控制运动的方式分类

(1) 点位控制数控机床

这类机床只控制运动部件从一点移动到另一点的准确位置,在移动过程中不进行加工,对两点间的移动速度和运动轨迹没有严格要求,可以沿多个坐标同时移动,也可以沿各个坐标先后移动。

采用点位控制的机床有数控钻床、数控坐标镗床、数控冲床和数控测量机等。

(2) 直线控制数控机床

这类机床不仅要控制点的准确定位,而且要控制(或工作台)以一定的速度沿与坐标轴平行的方向进行切削加工。

(3) 轮廓控制数控机床

这类机床能够对两个或两个以上运动坐标的位移及速度进行连续相关的控制,使合成的平面或空间运动轨迹能满足零件轮廓的要求。

轮廓控制数控机床有数控铣床、车床、磨床和加工中心等。

3. 按所用进给伺服系统的类型分类

(1) 开环数控机床

开环数控机床采用开环进给伺服系统,伺服驱动部件通常为反应式步进电动机或混合式伺服步进电动机。

(2) 闭环数控机床

闭环数控机床的进给伺服系统是按闭环原理工作的,带有直线位移检测装置,直接对工作台的实际位移量进行检测。伺服驱动部件通常采用直流伺服电动机和交流伺服电动机。

(3) 半闭环数控机床

这类控制系统与闭环控制系统的区别在于采用角位移检测元件,检测反馈信号不是来自工作台,而是来自与电动机相联系的角位移检测元件。

4. 按所给数控装置类型分类

(1) 硬件式数控机床

硬件式数控机床(NC 机床)使用硬件式数控装置,它的输入、查补运算和控制功能都由专用的固定组合逻辑电路来实现,不同功能的机床,其结合逻辑电路也不相同。改变或增减控制、运算功能时,需要改变数控装置的硬件电路。

(2) 软件式数控机床

这类数控机床使用计算机数控装置(CNC)。此数控装置的硬件电路是由小型或微型计算机再加上通用或专用的大规模集成电路制成。数控机床的主要功能几乎全部由系统软件来实现,所以不同功能的机床其系统软件也就不同,而修改或增减系统功能时,不需改变硬件电路,只需改变系统软件。

5. 按数控装置的功能水平分类

按此分类方法可将数控机床分为低、中、高档三类。

六、数控机床的工作原理

① 根据被加工零件的图样与工艺规程,用规定的代码和程序格式编写加工程序。

② 将所编程序指令输入机床数控装置。

③ 数控装置将程序（代码）进行译码、运算之后，向机床各个坐标的伺服机构和辅助控制发出信号，以驱动机床的各运动部件，并控制所需要的辅助动作，最后加工出合格的零件。

思考与练习十一

11.1　XA6132 铣床主要由哪些部分组成？

11.2　XA6132 铣床主要有哪些运动形式？

11.3　XA6132 铣床主轴采用什么制动形式？

11.4　分析 XA6132 铣床进给冲动工作回路。

11.5　分析 XA6132 铣床向右慢速进给工作回路。

11.6　分析 XA6132 铣床向左快速进给工作回路？

11.7　XA6132 铣床在图 11-3 的 18 区的 20→FR2→19 出现故障，请问故障现象是什么？

11.8　如果 XA6132 铣床冷却泵不工作，请分析故障范围？

11.9　如果 XA6132 铣床无向左快速进给，请分析故障范围？

11.10　如果 XA6132 铣床无向上、向后慢速进给，请分析故障范围？

参 考 文 献

[1] 吴文龙,王猛.数控机床控制技术基础—电气控制基本常识.北京:高等教育出版社,2005.
[2] 赵承荻.电机与电气控制技术.北京:高等教育出版社,2003.
[3] 谭维瑜.电机与电气控制.北京:机械工业出版社,2006.
[4] 孟凡伦.维修电工生产实习.北京:中国劳动出版社,2002.
[5] 刘子林.电机与电气控制.北京:电子工业出版社,2006.
[6] 郁汉琪.机床电气控制技术.北京:高等教育出版社,2006.
[7] 张运波.工厂电气控制技术.北京:高等教育出版社,2008.
[8] 徐建俊.电机与电气控制.北京:北京交通大学出版社,2007.
[9] 许翏.电机与电气控制技术.北京:机械工业出版社,2005.
[10] 强高培.电机与电气控制线路.北京:机械工业出版社,2008.
[11] 李崇华.电气控制技术实训教程.重庆:重庆大学出版社,2004.
[12] 赵承荻.电机与电气控制技术技能训练.北京:高等教育出版社,2006.
[13] 张华龙.电机与电气控制技术.北京:人民邮电出版社,2008.
[14] 徐建俊.电机与电气控制项目教程.北京:机械工业出版社,2008.
[15] 中华人民共和国机械行业标准.JB.工业机械电气设备电气图、图解和表的绘制,北京:机械工业出版社,2006.